Österreichische Akademie der Wissenschaften
Schriftenreihe der Erdwissenschaftlichen Kommissionen
Band 11

Rohstoffe für neue Technologien

Von

G. Sterk

in Zusammenarbeit mit

G. Bauer und H. Krenn, I. Çerny und E. Schroll, R. Grössinger, J. G. Haditsch, F. Jeglitsch, R. Nötstaller, G. Petzow und R. Danzer sowie F. Thalmann

In Kommission bei

Springer-Verlag Wien New York

1994

Gesamtherstellung: Univ.-Buchdruckerei Styria, Graz

ISSN 0171-2225

ISBN-13: 978-3-211-86562-0 e-ISBN-13: 978-3-7091-5122-8
DOI: 10.1007/978-3-7091-5122-8

Inhalt

Vorwort ... 5

1. Einleitung ... 7

1.1. Motivation ... 8

1.2. Zielsetzungen ... 9

2. Entwicklungs-Trends ... 13

3. Teiluntersuchungen ... 23

3.1. Erfassung und Beurteilung der Entwicklung fortgeschrittener bzw. künftig zu erwartender Technologien und Produktinnovationen ... 23

3.1.1. Metallische Werkstoffe, insbesondere zur Erzeugung von Hochleistungsprodukten auf dem konstruktiven Sektor ... 25

3.1.2. Hochleistungskeramik ... 33

3.1.3. Entwicklungstendenzen bei Grundstoffen aus dem Bereich der Steine, Erden und Industrieminerale ... 41

3.1.4. Werkstoffe für elektronische und optoelektronische Bauelemente ... 49

3.1.5. Werkstoffe mit besonderen magnetischen Eigenschaften ... 55

3.2. Beurteilung der Verfügbarkeit von Lagerstätten bzw. Vorkommen mineralischer Rohstoffe in Österreich im Hinblick auf neue Anwendungsbereiche und neue Produkte ... 59

3.2.1. Lagerstätten bzw. Vorkommen von Steinen, Erden und Industriemineralen in Österreich ... 61

3.2.2. Blei-Zink-Rohstoffe sowie die mit diesen assoziierten Nebenelemente (Spezialmetalle) in Österreich ... 65

3.2.3. Metallische Rohstoffe, insbesondere Legierungs- und Seltene Erdmetalle mit Ausnahme von Pb-Zn-Rohstoffen und den mit diesen assoziierten Nebenelementen ... 71

3.3. Bergwirtschaftliche Überlegungen und Folgerungen ... 77

4. Zusammenfassung und Schlußfolgerungen ... 89

4.1. Technologie- und Produktinnovationen ... 90

4.2. Potentielle Lagerstätten bzw. Vorkommen mineralischer Rohstoffe in Österreich ... 90

4.3. Erhöhung des Kenntnisstandes über Lagerstätten bzw. Vorkommen mineralischer Rohstoffe in Österreich ... 92

4.4. Sicherstellung der Möglichkeit einer Nutzung inländischer Lagerstätten in der Zukunft 92
4.5. Forschung und Entwicklung für Technologie- und Produktinnovationen 93
4.6. Grundlagen-Forschung 93
4.7. Verringerung der Kosten für die Aufsuchung, Erschließung, Gewinnung und Aufbereitung mineralischer Rohstoffe 94

5. Hinweise 95
5.1. Anschriften der Autoren 95
5.2. Einsichtnahme in die Volltexte 95

Vorwort

Der Mensch bedient sich seit jeher mineralischer Rohstoffe im Kampf um sein Bestehen und zur Befriedigung seiner kulturellen Bedürfnisse. Die Art der Nutzung hat sich im Lauf der Zeit natürlich sehr geändert: vom Gebrauch einfachster Steinwerkzeuge zu Produkten komplizierter moderner Technologien. Und diese Entwicklung geht selbstverständlich weiter. Eine wichtige praktische Aufgabe der Naturwissenschaften und der Bergbauwissenschaften ist es folglich, die Grundlagen für die Versorgung von Technik und Wirtschaft mit den notwendigen Rohstoffen zu liefern; der Dynamik der Entwicklungen mit ihren wechselnden Bedürfnissen ist Rechnung zu tragen.

In der Österreichischen Akademie der Wissenschaften wird dieser Fragenkomplex in der „Kommission für Grundlagen der Mineralrohstoff-Forschung“ behandelt. Diese hat in den letzten Jahren vor allem die Bearbeitung von Einzelproblemen der Lagerstättenforschung im weitesten Sinn unterstützt oder durch ihre Mitglieder durchgeführt. Mit der vorliegenden Schrift versucht sie, einer zukunftsorientierten Frage gerecht zu werden: der Versorgungslage neuer Technologien mit mineralischen Rohstoffen. Trotzdem heute selbst weltweite Transportwege für die Wirtschaft keine entscheidende Rolle spielen, ist es beim Auf und Ab der Weltmarktpreise und bei der Möglichkeit internationaler politischer Turbulenzen für jeden Staat und für jedes Wirtschaftsgebiet dringend notwendig, über Rohstoffquellen im eigenen Bereich genau Bescheid zu wissen. Dieser Aufgabe möchte die vorliegende Schrift dienen, wobei die Belange Österreichs besondere Beachtung finden.

Prof. Dr. Josef Zemann
Obmann der Kommission für Grundlagen der Mineralrohstofforschung

1. Einleitung

Österreich war in der Vergangenheit ein bedeutendes Bergbauland. Von hier aus sind starke Impulse sowohl für die Bergbau- als auch für die Geowissenschaften, aber auch für die Weiterverarbeitung von **Roh-***) und **Grundstoffen****) ausgegangen.

Die geänderten Verhältnisse in der Welt, vor allem die Erschließung neuer, großer, kostengünstig zu nutzender Rohstoffquellen und die Öffnung der Märkte in der Welt, aber auch der wissenschaftliche und technologische Fortschritt, haben die Lage nicht nur in Österreich, sondern in ganz Europa stark verändert. Diese Entwicklungen lassen es angebracht erscheinen, die derzeit bestehenden Möglichkeiten in Österreich zu untersuchen und daraus entsprechende Schlußfolgerungen zu ziehen.

Die Anpassung an die neuen Gegebenheiten ist eine interdisziplinäre Aufgabe, die von einer Person wegen der Vielzahl der davon betroffenen Fachbereiche kaum befriedigend gelöst werden kann. So hat sich eine Reihe von hervorragenden Fachleuten bereit erklärt, an diesem Projekt der Kommission für Grundlagen der Mineralrohstoff-Forschung der Österreichischen Akademie der Wissenschaften mitzuarbeiten. Dafür sei diesen Experten auch an dieser Stelle sehr herzlich gedankt. Besonderer Dank gebührt ihnen auch für die kritische Durchsicht der Kurzfassung ihrer Beiträge, die in dieser Arbeit zum Ausdruck gebracht werden.

Dank gebührt auch allen Mitgliedern der Kommission für Grundlagen der Mineralrohstoff-Forschung, vor allem ihrem Obmann Prof. Dr. J. ZEMANN und seinem leider schon verstorbenen Vorgänger in dieser Funktion, Prof. Dr. Dr. h.c. W. E. PETRASCHECK, für ihre tatkräftige Unterstützung. Besonderer Dank gebührt Herrn Prof. Dr. Ing. Dr. h.c. mult. G. B. FETTWEIS für seine Initiativen zur Inangriffnahme, vor allem aber für seine wertvolle Unterstützung im Rahmen der Durchführung dieses Projektes. Herzlich danken möchte ich auch Herrn Prof.

---

*) **Mineralische Rohstoffe** sind mineralische Bestandteile der Erdkruste, nach denen eine Nachfrage besteht sowie die Gewinnungsprodukte des Bergbaues im weitesten Sinn, einschließlich der durch Aufbereitungsprozesse erzeugten Konzentrate (8, 9).

) **Mineralische Grundstoffe sind Produkte der Weiterverarbeitung von mineralischen Rohstoffen bis einschließlich der ersten handelsüblichen Verarbeitungsstufe (8, 9).

Dipl.-Ing. Dr. mont. Dr. h.c. F. JEGLITSCH für seine fachkundige Unterstützung. Herrn Prof. Dr. ZEMANN möchte ich nicht nur für die fachlichen Ratschläge, sondern auch für die kritische Durchsicht der Manuskripte für diese Publikation herzlich danken.

Einen besonderen Dank möchte ich dem Bundesministerium für Wissenschaft und Forschung, vor allem den Herren Sektionschef Dr. N. ROZSENICH und Ministerialrat Dr. W. REITER für die Sicherstellung der Finanzierung dieses Projektes, aussprechen.

1.1. Motivation

Die Bedeutung einzelner mineralischer Roh- bzw. Grundstoffe war im Verlauf der Geschichte stets zum Teil starken Schwankungen unterworfen, vor allem in Abhängigkeit vom jeweiligen technologischen Kenntnisstand. Ganze Epochen der Menschheitsgeschichte, wie Steinzeit, Bronzezeit und Eisenzeit, leiten davon ihre Bezeichnung ab. Der Strukturwandel in der Rohstoffwirtschaft ist daher kein neuzeitliches Problem, er ist uralt und wird auch in der Zukunft anhalten.

Die zeitlich stark schwankende Nachfrage nach bestimmten Roh- bzw. Grundstoffen ist vor allem die Folge einer laufenden Weiterentwicklung von Technologien, Produktinnovationen und Substitutionen, insbesondere aber von Kosten-Preis-Relationen in Abhängigkeit von der jeweiligen Angebotssituation (8, 9, 15, 17). Seit einiger Zeit gewinnen auch die Einflüsse des Umweltschutzes zunehmend an Bedeutung, und zwar im Bereich des gesamten Nutzungszyklus, von der Gewinnung und Verarbeitung über die Nutzung und Wiederverwertung bis hin zur Deponierung von Alt- und Abfallstoffen.

Da sowohl die Erschließung als auch die Produktionsrücknahme oder gar die Schließung eines Rohstoffgewinnungsbetriebes in der Regel hohe Aufwendungen und längere Zeitabläufe erfordert, die Angebotselastizität einer bergbaulichen Gewinnung also gering ist, erscheint es angebracht zu untersuchen, welche Roh- bzw. Grundstoffe in der Zukunft voraussichtlich an Bedeutung gewinnen und welche an Bedeutung verlieren werden. So können rechtzeitig etwaige Möglichkeiten genutzt und Schwierigkeiten erkannt werden, um zeitgerecht entsprechende Maßnahmen einzuleiten.

Die Fragestellung, welche Roh- bzw. Grundstoffe in der Zukunft von Bedeutung sein werden, läßt sich nur dann plausibel beantworten, wenn abgeschätzt wird, welchen Lauf die technologischen Entwicklungen auf den verschiedenen Sektoren der Weiterverarbeitung in der Zukunft voraussichtlich nehmen werden.

Auf diese Weise sollen einerseits neue, erfolgversprechende Möglichkeiten der Rohstoffgewinnung, insbesondere im Hinblick auf neue Technologien und Produktinnovationen, tunlichst frühzeitig erkannt und genutzt werden können. Anderseits sollen aber auch durch eine möglichst frühzeitige Erkennung ungünstiger Entwicklungstendenzen einer Rohstoffgewinnung entsprechende, auch im öffentlichen Interesse gelegene Anpassungsmaßnahmen möglichst frühzeitig eingeleitet werden können.

1.2. Zielsetzungen

Ziel dieser Untersuchung ist einerseits herauszuarbeiten, auf welchem Stand sich derzeit die Herstellung und Entwicklung innovativer Grund- bzw. Werkstoffe befindet, und aufzuzeigen, in welche Richtung die einschlägige Forschung und Entwicklung in überschaubarer Zukunft voraussichtlich gehen wird.

Anderseits soll abgegrenzt werden, ob im Inland Lagerstätten bzw. Vorkommen mineralischer Rohstoffe für die Erzeugung derartig innovativer Grund- bzw. Werkstoffe vorhanden sind und ob diese für eine wirtschaftliche Nutzung in Frage kommen. Allein schon das Vorhandensein interessanter inländischer Vorkommen mineralischer Rohstoffe für innovative Produkte und Technologien könnte für allfällige, in der Zukunft nicht auszuschließende Krisenfälle von Bedeutung sein, die nicht nur durch kriegerische Ereignisse, sondern auch durch Unterbrechung der Handelswege – aus welchen Gründen auch immer – hervorgerufen werden können.

Da neben der stofflichen Zusammensetzung eines Grund- bzw. Werkstoffes vor allem den zu seiner Herstellung angewandten Techniken eine besondere Bedeutung zukommt, wird auch darauf in den einzelnen Teiluntersuchungen entsprechend eingegangen.

Übergeordnetes Ziel dieser Untersuchung ist aber aufzuzeigen, in welchen Bereichen die Entwicklung und Produktion innovativer Grund- bzw. Werkstoffe mit möglichst hoher Wertschöpfung möglich wäre und welche Werkstoffe und Techniken hiefür in Frage kommen. Es gibt viele Beispiele auch aus jüngster Zeit, wie z.B. bei Stahl, daß der Erfolg einer bestimmten Produktion weniger von der erzeugten Menge als vielmehr von der Wertschöpfung abhängig ist, die sich umso höher darstellt, je innovativer das Produkt ist.

Ein großes Augenmerk wird auch dem Aufzeigen von Tendenzen der Forschung und Entwicklung sowohl auf dem Sektor der Grund- und Werkstoffe als auch im Bereich der Aufsuchung, Gewinnung und Verarbeitung von mineralischen Rohstoffen gelegt, um daraus bestmögliche Schlußfolgerungen für einschlägige Gestaltungen in Österreich ableiten zu können. Durch die Entwicklung neuer kostengünstigerer Verfahren der Aufsuchung, Gewinnung, Aufbereitung und Weiterverarbeitung können auch weniger reiche Vorkommen bzw. komplexe Vererzungen auch in Österreich wieder wirtschaftlich interessant werden.

An dieser Stelle sei auf einen oft übersehenen Unterschied zwischen der Urproduktion des Bergbaues und der weiterverarbeitenden Industrie hingewiesen. Zusätzlich zu den Marktbedingungen aller Art und zusätzlich zu der verwendeten Technik hängt das wirtschaftliche Ergebnis von Bergbauunternehmen entscheidend von der Güte der verfügbaren Lagerstätten im Hinblick auf die mit ihrem Abbau verbundenen Kosten und Erlöse ab. Industrieländer, die nicht nur über eine hochentwickelte Bergbautechnik verfügen, sondern auch über günstige Lagerstätten, wie z.B. Australien, Kanada und USA, stehen daher auch an der Spitze der rohstoffproduzierenden Länder der Erde. Sie zeigen, daß „High-Tech" und die Grundstoffindustrie des Bergbaus sehr gut vereinbar sein können. Ein gutes Beispiel für eine jüngere diesbezügliche Entwicklung bietet der Auftrieb des Buntmetallbergbaues in Portugal. Demgemäß ist auch in Österreich die Suche nach günstigen Lagerstätten nicht aus dem Auge zu verlieren.

Die große Fülle der bearbeiteten Fachbereiche bringt es mit sich, daß nicht auf alle einschlägigen Einzelheiten im wünschenswerten Umfang eingegangen werden konnte. Die vorliegende Arbeit möge daher als eine Untersuchung verstanden werden, die an Hand der einzelnen Beiträge zeigen möchte, in welche Richtung die Entwicklungen auf den Sektoren der mineralischen Rohstoffe sowie der daraus erzeugten Grund- und Werkstoffe voraussichtlich verlaufen werden.

2. Entwicklungs-Trends

Die Substitution vieler konventioneller Grund- bzw. Werkstoffe durch qualitativ bessere und/oder kostengünstigere Materialien hält nach wie vor an, ebenso wie die Entwicklung immer leistungsfähigerer und kostengünstigerer oder gar völlig neuartiger Technologien und Produktinnovationen.

Die OECD wendet dieser Entwicklung, dem Eindringen moderner Technologien auf dem Material-Entwicklungssektor (auch als stille Revolution bezeichnet), schon seit längerer Zeit ein verstärktes Augenmerk zu (13).

Viele dieser Technologien sind von der Öffentlichkeit noch weitgehend unbemerkt, könnten aber im Laufe der nächsten Dezennien zu einer ähnlichen Umwandlung führen wie die industrielle Revolution durch die Siliziumtechnologie.

Vielfach werden die Produkte dieser neuen Materialentwicklungen auch als ***fortgeschrittene Materialien*** bezeichnet. Darunter werden transformierte Primärmaterialien verstanden, die durch Anwendung chemischer Prozesse und geeigneter Techniken der Bearbeitung, Miniaturisierung, Verbindung und Formgebung zu Materialien mit verbesserten Eigenschaften (größere Festigkeit, Hitzebeständigkeit usw.) umgewandelt werden.

Die marktwirtschaftlichen Kennzeichen derartiger *fortgeschrittener Materialien* sind:
- relativ begrenzte Märkte,
- hohe Stückpreise,
- überproportional wachsende Märkte für Sekundär-Anwendungen,
- Flexibilität bei geänderten Anforderungen.

Zu derartigen *fortgeschrittenen Materialien* zählen unter anderem:
- elektronische und optoelektronische Funktionswerkstoffe,
- Supraleiter,
- amorphe Metalle,
- Superplastische Legierungen,
- Memory-Legierungen,
- Verbundwerkstoffe mit metallischer Matrix,
- Hochleistungskeramiken,
- Nanokristalline „Finemente" für weichmagnetische Werkstoffe,
- synthetische Zeolithe, usw.

Die Tabelle 1. gibt eine Übersicht über die Tendenzen am Weltmarkt für *fortgeschrittene Materialien* und ihre voraussichtliche mittlere jährliche Wachstumsrate für den Zeitraum von 1986 bis 1998 (13).

Fortgeschrittene Materialen	Wert 1986 Milliarden ECU	Durchschnittliches jährliches Wachstum in realen Zahlen (1986–1998)
Neue Eisen- und Stahlprodukte	50	2,3%
Thermoplastikmaterialien	10	8,3%
Duroplastmaterialien	15	5,5%
Neue Metalle und Nichteisenlegierungen	13	3,8%
Verbundwerkstoffe	12	8,7%
Strukturelle Keramiken	7	13,9%
Neue Produkte auf Glasbasis	4	9,3%
Materialien für die Elektronik	14	12,0%
Insgesamt	125	6,4%

Tabelle 1: Tendenzen am Weltmarkt für *fortgeschrittene Materialien* (13).
Diese Tabelle beinhaltet die USA, Japan und die Staaten der EG (nunmehr EU).
Die Vereinigten Staaten erzeugten 42,5% der gesamten fortgeschrittenen Materialien, die Europäische Gemeinschaft (nunmehr Europäische Union) 30% und Japan 27,5%.

Nach Tabelle 1 werden die höchsten durchschnittlichen jährlichen Wachstumsraten bis zum Jahr 1998 den strukturellen Keramiken mit 13,9% und den Materialien für die Elektronik mit 12% zugeschrieben. Mengen- und wertmäßig betrachtet stehen die „neuen Eisen- und Stahlprodukte“ mit einem Wert von rd. 50 Mrd. ECU immer noch an der Spitze, doch wird diesen nur eine durchschnittliche jährliche Wachstumsrate von 2,3% zugebilligt.

Bleibt man beim Beispiel Stahl, als dem immer noch bedeutendsten Werkstoff, so ist festzustellen, daß der beachtliche Verlust an Marktanteilen heute durch Qualitätsgewinne nahezu ausgeglichen wird. Immer bessere Stahlqualitäten für bestimmte Anwendungsbereiche haben zur Folge, daß immer weniger Stahl für denselben Zweck benötigt wird. So würde man heute für die Errichtung des Eiffelturmes bedeutend weniger Stahl benötigen, als seinerzeit verwendet worden ist. Das Beispiel Stahl ist stellvertretend für viele andere Werk- bzw. Grundstoffe.

Zu den bedeutenden Entwicklungen **metallischer Werkstoffe** der letzten Zeit, die sektoral den Hochtechnologieeinsatz der nächsten Jahre bestimmen werden, gehören neben speziellen Eisen- und Stahllegierungen insbesondere:
- die hochfesten Aluminium-Legierungen,
- Aluminium-Lithium-Legierungen,
- pulvermetallurgisch hergestellte Aluminium-Legierungen,
- dispersionsgehärtete Titanlegierungen,

- Verbundwerkstoffe mit metallischer Matrix (Teilchenverbund-, Faserverbund- und Schichtverbundwerkstoffe),
- Nickelbasis-Superlegierungen einschließlich ODS*)-Legierungen für den Hochtemperatureinsatz,
- intermetallische Phasen,
- amorphe Metalle,
- Memory-Legierungen,
- superplastische Legierungen,
- Oberflächenveredlung durch Beschichtungsverfahren und Einsatz energiereicher Strahlen [CVD-**) und PVD-**)-Verfahren] usw.

Diese innovativen, z.T. erst in den letzten Jahren und Jahrzehnten entwickelten Werkstoffe werden in zunehmendem Maße in bestimmten Sektoren der Technik mit hoher Wertschöpfung eingesetzt werden. Dies erfolgt, vorerst auch auf Grund des hohen Preises, erst in geringen Quantitäten, sodaß die Technik auf die traditionellen Werkstoffgruppen noch lange nicht verzichten können wird.

Mengenmäßig nimmt im konstruktiven Bereich der metallischen Werkstoffe **Stahl** weltweit nach wie vor die Spitzenposition ein. In den letzten zehn Jahren wurden weltweit mit großen Schwankungen jährlich etwa 750 Mio. t Stahl, rd. 16 Mio. t Aluminiumlegierungen, etwa 1 Mio. t Nickel-Basislegierungen, etwa 0,3 bis 0,4 Mio. t Titanlegierungen und nur etwa 10 t amorphe Metalle erzeugt. Mengenmäßig werden die Stähle in den nächsten 20, 30 Jahren durch keinen anderen Werkstoff im konstruktiven Einsatz ersetzt werden können. Aber die Sektoren, wo es zu hohen Wertschöpfungen kommt, also wo ein hoher Wissensinhalt ist, der wird sich in anderen Werkstoffgruppen abspielen, wie z.B. bei den Memory-Legierungen, bei den amorphen Metallen, bei den Verbundwerkstoffen oder in der Hochleistungskeramik, vor allem aber auch bei den Werkstoffen für elektronische- und optoelektronische Werkstoffe, usw. Dort werden hohe Wertschöpfungen erzielt werden, nicht hohe Mengen. Dort werden also Problemlösungen für avancierte technische Anforderungen erfüllt, nicht hohe Mengen erzeugt werden.

In diesem Zusammenhang ist darauf hinzuweisen, daß bei der Produktion von Werk- und Grundstoffen zunehmend Verschiebungen bei den Produktionsanteilen der Industrie- und der Entwicklungs- bzw. Schwellenländer festzustellen ist. So hat man z.B. bei Stahl in den Industrieländern eher Einbrüche im Markt von etwa 0,5 bis 1% pro Jahr, in den Entwicklungsländern, aber auch in den ostasiatischen Ländern wie China, weiters in Südafrika und den lateinamerikanischen Ländern große Zuwächse. In diesen Ländern ist die Produktion von Werk- bzw. Grundstoffen mit herkömmlichen Technologien, vor allem wegen geringerer Personalkosten, allgemein wesentlich billiger. Dazu kommen in diesen Ländern noch die geringeren Einstandskosten für einschlägige mineralische Rohstoffe, die dort zumeist aus großen, reichhaltigen Lagerstätten kostengünstig gewonnen werden können. Darüber hinaus haben diese Länder meist geringere oder keine Umweltauflagen

---

*) **ODS**-Legierungen: oxiddispersionsgehärtete Legierungen.

**) Siehe Seite 25.

sowie geringere Energie- und Transportkosten. Die europäischen Produzenten von Werk- und Grundstoffen, insbesondere von Stahl, werden daher gut daran tun, ihren Ehrgeiz in der Zukunft nicht in hohen Produktionsziffern, sondern in der Erzeugung möglichst hochwertiger, innovativer Produkte zu sehen, die mit neuartigen Technologien erzeugt werden und die von den Entwicklungs- bzw. Schwellenländern nicht so rasch nachgemacht werden können. Von dieser Erkenntnis ausgehend, hat man in Österreich z.B. die kopfgehärteten supralangen Eisenbahnschienen entwickelt, wie die 120-Meter-Schiene, die nun in Donawitz erzeugt und erfolgreich vermarktet wird. Eine höhere Produktion konventioneller, insbesondere metallischer Werkstoffe mit herkömmlichen Technologien in den Entwicklungsländern hat grundsätzlich noch den an sich positiven Nebeneffekt, daß dadurch ihr BNP erhöht wird und sie nicht mehr so sehr die Entwicklungshilfe in Anspruch nehmen müssen.

Verbesserte Technologien führen zu immer besseren Werkstoffen in nahezu allen Anwendungsbereichen. Vielfach führen neue Entwicklungen auch zu völlig neuen Produkten, wie z.B. auch in der **Hochleistungskeramik** (7, 12, 16), die wegen ihres hohen Innovationspotentials stark im Kommen ist. Neben ihren bereits bestehenden Anwendungen, insbesondere in der Elektrotechnik (Kondensatoren, Varistoren, Piezokeramiken usw.) wurden Keramikwerkstoffe auch für Sensoranwendungen (Lambda-Sonde aus ZrO_2-Keramik, $SrTiO_2$-Dickschicht-Sauerstoffsensor) und keramische Supraleiter (z.B. aus $YBa_2\,Cu_3\,O_{7-8}$) erfolgreich entwickelt. Nichtoxidische keramische Werkstoffe auf Nitrid- oder Karbidbasis eröffnen neue Perspektiven im Maschinen-, Motoren- und Turbinenbau sowie in der Energietechnik. So lassen sich z.B. mit Keramik-Hybridspindellagern Drehzahlen erreichen, die um 15% höher liegen können als bei Hochgeschwindigkeits-Spindellagern. Die Gründe für diesen Leistungszuwachs liegen einerseits im günstigen Reibwert zwischen Keramik und Stahl und anderseits im geringen spezifischen Gewicht der Keramik, die um rd. 60% weniger wiegt als Stahl. Der Hochleistungskeramik kommt auch beim Motorenbau eine zunehmende Bedeutung zu. So wurden z.B. bei Daimler-Benz keramische Ventile entwickelt, die nicht nur einen ruhigeren Lauf und eine Verringerung des Kraftstoffverbrauches um 3–4%, sondern auch eine beachtliche Minderung der Emissionen bewirken, so z.B. bei CO um rd. 20%, bei NO_x sogar um 80% (16).

Neue Technologien erfordern vielfach auch andere Rohstoffe. So scheint z.B. die Siliziumtechnik in der **Photovoltaik** (2) weitgehend durch die neue, noch in Entwicklung befindliche Technik mit Dünnschichtzellen aus Cadmium-Tellurid überholt zu sein.

Um neue Werkstoffe für höchste technische Anforderungen, insbesondere für den funktionellen Bereich zu schaffen, liegt nach S. Froes (10) der Weg in die technologische Zukunft auch darin, im atomaren Bereich zu konstruieren, d.h., Atom für Atom gezielt im atomaren Bereich des Werkstoffes einzubauen **(Atomic Modelling)** und damit Materialeigenschaften gezielt zu kombinieren. Der Einsatz so mancher derartiger Werkstoffe scheitert aber derzeit noch an den zu hohen Kosten.

So betragen die Kosten zur Herstellung des von R. E. Smalley und R. Curl von der Rice-University in Houston entdeckten **Kohlenstoffmoleküls C_{60}** noch mehr als 510 $/g (3,10). Dennoch wird die Forschung und Entwicklung intensiv weiterbetrieben, denn in das kugelförmige, innen hohle C_{60}-Molekül (daher auch Buckeyball genannt) lassen sich gezielt andere Substanzen für bestimmte Anwendungen einlagern, so z.B. Kalium, wodurch ein supraleitender Effekt, bisher bis –225° C, erzielt werden kann. Am interessantesten bzw. erfolgversprechendsten bei den C_{60}-Molekülen, die auch als Fullerene bezeichnet werden, erscheinen R. E. SMALLEY neben deren enormer Härte bei gleichzeitiger Elastizität ihre vielseitigen elektronischen Eigenschaften. „Unter verschiedenen Bedingungen kann sich das Material wie ein Isolator, ein Leiter, ein Halbleiter oder ein Supraleiter verhalten", führt er aus. Je nach Wunsch ließe sich mit „Zuschlagstoffen" das gewünschte Eigenschaftsprofil einstellen. Das C_{60}-Molekül, das rundeste aller Moleküle, könnte auch zu einer Art molekularem Kugellager für die Mikro- und Nanotechnologie entwickelt werden.

Die **Nanostrukturtechnik** als konsequente Weiterentwicklung der Mikro-Strukturtechnik gewinnt vor allem in der Mikroelektronik an Bedeutung (11). So nimmt man an, daß etwa im Jahr 2010 auf dieser Basis der erste Gigabit-Chip auf den Markt kommen dürfte.

Nicht unerwähnt sollen auch die Fortschritte bei der **synthetischen Herstellung von Grund- bzw. Werkstoffen** bleiben. So wurde, auch in Österreich, eine Reihe ***synthetischer Zeolithe*** entwickelt, denen eine steigende Bedeutung nicht nur in der Anwendung als Katalysatoren, sondern auch in der Umwelttechnik, etwa als Ionentauscher, Molekularsiebe usw., zukommt. Weiters ist vor allem die ***Niederdruck-Diamant-Synthese*** zu nennen, die über ein CVD-Verfahren realisiert werden kann. Gasmischungen, die in der Regel Kohlenstoff und Wasserstoff, in einigen Fällen auch Sauerstoff oder Halogene enthalten, werden in reaktive Radikale und Molekülbruchstücke zerlegt, aus denen sich auf heißen Substraten u.a. Diamant in dünnen Schichten abscheidet. Auf diese Weise ist es möglich, Diamant bzw. Diamantbeschichtungen für bestimmte Werkzeuge wesentlich billiger herzustellen.

Viele Forscher sehen in speziellen **Gelen** potentielle Werkstoffe für die Zukunft (14). In den vergangenen Jahren sind Gele entwickelt worden, die je nach ihrer chemischen Zusammensetzung und dem verwendeten Lösungsmittel auf äußere Reize hin (Temperatur, Säuregrad, elektrische Feldstärke) quellen oder zusammenfallen. Den Schwell-Schrumpfungs-Zyklus von Gelen versucht man nun auch für Bewegungsvorgänge, z.B. durch Änderung des pH-Wertes, nutzbar zu machen. Durch derart gesteuerte Volumsänderungen ergeben sich interessante Anwendungsmöglichkeiten, vor allem für die Medikation und Filtration. Man ist vielfach der Ansicht, daß es gelingen wird, in nicht allzu ferner Zukunft auch Vorrichtungen aus weichen Materialien zu bauen, die flexibel auf ihre Umgebung reagieren können. Im Gegensatz zu herkömmlichen, festen Antriebsaggregaten und Vorrichtungen mit beweglichen Teilen (Motoren, Pumpen usw.) sind Gele schmiegsam und nachgiebig. Ihre Bewegung erinnert mehr an die von Muskeln als von Maschinen. Derart geschmeidige Formänderungen findet man gewöhnlich nur in biologischen Systemen. Es wird angenommen, daß man derartige Eigenschaften künftig vor allem für selbstregulierende Vorrichtungen mit sensorischen Fähigkeiten nutzen wird können.

Die immer besser werdende Qualität der Grund- und Werkstoffe, aber auch die Bemühungen, Alt- und Abfallstoffe stärker zu verwerten als bisher, haben, wie bereits ausgeführt, zumeist auch einen immer **geringer werdenden Einsatz von Rohstoffen** zur Folge. Inwieweit dieser Trend durch den allgemein zunehmenden Bedarf an Materialien jeder Art infolge der Zunahme der Weltbevölkerung sowie die zunehmende Industrialisierung vor allem in den Entwicklungsländern ausgeglichen werden kann, ist schwer abzuschätzen.

Ein hohes Potential zur Erhöhung der Wirtschaftlichkeit einer bergbaulichen Produktion steckt – abgesehen von dem Auffinden günstigerer Lagerstätten – einerseits in der Entwicklung rationellerer Verfahren der Aufsuchung und Gewinnung und anderseits in den immer besser werdenden Möglichkeiten der Aufbereitung und Weiterverarbeitung mineralischer Rohstoffe zu Grundstoffen.

Große Fortschritte konnten in der **Aufbereitung** z.B. durch eine immer effizientere, feinere Mahlung erzielt werden, was auch für den Sektor der Steine, Erden und Industrieminerale, wie bei den Füllstoffen, von großer Bedeutung ist und auch in Österreich zu wirtschaftlichen Erfolgen führte. In letzter Zeit wird auch von großen Fortschritten bei der Aufbereitung seltener Erden berichtet, woraus sich große Steigerungen der Wertschöpfung ergeben sollen.

Bei der **Weiterverarbeitung** von Rohstoffen zu Grundstoffen kommt auch den *hydrometallurgischen Verfahren* eine sehr große Bedeutung zu, vor allem, weil es hiedurch möglich ist, hohe Reinheitsgrade zu erzielen, was aber gerade für innovative Produkte und Verfahren der Hochtechnologie von großer Bedeutung ist. Als Beispiel derartiger, auch wirtschaftlich interessanter Produktionen in Österreich sei die Herstellung von Wolframmetall- und Wolfram-Carbid-Pulvern erwähnt.

Bemerkenswert sind die Bemühungen sowohl von einzelnen Bergbauunternehmen als auch der dortigen Regierungen, z.B. in Australien, eine **höhere Wertschöpfung** durch Weiterverarbeitung der gewonnenen Rohstoffe bei den Bergbauen selbst, insbesondere durch neue Verarbeitungsverfahren, zu erzielen. Nur so könne man, wird dort ausgeführt, bei den stark schwankenden Weltmarktpreisen für Rohstoffe, die zu höchst unterschiedlichen Jahresgewinnen führten, längerfristig eine halbwegs ausgeglichene Weiterführung der betroffenen Unternehmen sicherstellen.

Maßnahmen bzw. Programme in großen Industrieländern zur **Entkoppelung des Wirtschaftswachstums vom Ressourcenverbrauch** sind nicht zu übersehen. Dies geht z.B. auch aus dem **Forschungsschwerpunkt** *„Technologien des 21. Jahrhunderts"* in der *Bundesrepublik Deutschland* hervor. Für dieses Programm standen im Jahr 1992 insgesamt 260 Mio. DM zur Verfügung. Man will dadurch neuen, innovativen Technologien bereits in einem frühen Stadium eine Chance geben. In diesen Programmen wird insbesondere folgenden Forschungsbereichen eine besondere Aufmerksamkeit gewidmet: der Adaptronik und Nanotechnik, den Fullerenen, den Werkstoffen für die Photonik und Optoelektronik, weiters den biometrischen Werkstoffen und den Biosensoren und schließlich dem Bakteriorhodopsin und der Neuroinformatik.

Auch die **Europäische Gemeinschaft**, nunmehr Europäische Union genannt, hat einschlägige, zukunftsweisende **Forschungs-Förderungsprogramme**:

a) BRITE (Basic Research in Industrial Technologies for Europe) und

b) EURAM I und II (European Research Program on Advanced Materials).

Aus **Österreich** sind schon bisher bedeutende Impulse für die Weiterentwicklung der **Geotechnik und** der **Geowissenschaften** ausgegangen.

Im Bereich der **Geotechnik** sind vor allem die „Neue Österreichische Tunnelbaumethode" (NÖL) sowie bedeutende Verbesserungen bei Vortriebsmaschinen, bei verschiedenen Abbaumethoden, darunter der in aller Welt mit Erfolg angewandten „Blockbruchbau"-Abbaumethode, bei der „Bohrlochsolegewinnung" usw. zu erwähnen. Es ist zu erwarten, daß sich bei einer weiteren, intensiveren und gezielten Forschung und Entwicklung auch auf diesen Sektoren kostensenkende Impulse und dadurch eine erhöhte Wettbewerbsfähigkeit, insbesondere bei der Nutzung inländischer Lagerstätten, ergeben werden. Auf dem Gebiet der **Geowissenschaften** sind vor allem die in letzter Zeit durchgeführten systematischen Untersuchungen des Bundesgebietes zu erwähnen, insbesondere die aeromagnetische Vermessung sowie die geochemische Untersuchung des Bundesgebietes mit verfahrenstechnischen Innovationen und der dadurch erzielten Möglichkeit einer effizienteren Hinterfragung des vorhandenen Datenmaterials.

Die Wertschätzung, die der österreichischen **bergbaulichen Forschung und Entwicklung** auch derzeit international entgegengebracht wird, geht z.B. daraus hervor, daß das Institut für Bergbaukunde an der Montanuniversität in Leoben an einem Projekt der Europäischen Gemeinschaft, nunmehr der Europäischen Union, mit der Bezeichnung „Blasting Control" maßgebend beteiligt ist. Ziel dieses Forschungsprojektes ist die Untersuchung des Sprengerfolges im Streckenvortrieb als Funktion der Gebirgsverhältnisse, der Sprengstoffart sowie des Bohr- und Sprengschemas. Damit soll die Sprengarbeit optimiert und somit auch kostengünstiger gestaltet werden. Dieses Projekt wird als Kooperationsprojekt durchgeführt, an dem neben dem vorgenannten Institut auch einschlägige Institutionen aus Frankreich, Italien und Griechenland mitarbeiten.

Literatur-Auswahl

(1) Bipe, Paris, 1988.

(2) Bloos, L.: Betelle sieht Durchbruch bei Solarenergie; VDI-Nachrichten Nr. 9/1992.

(3) Böndel, B.: C_{60} – ein neues Tor zur Kohlenstoffchemie; VDI-Nachrichten Nr. 12/1992.

(4) Bundesministerium für wirtschaftliche Angelegenheiten (Herausgeber): Neue Rohstoffe für neue Technologien; Grundlagen der Rohstoffversorgung, Heft 9, Wien 1988.

(5) Fettweis, G. B., u.a.: Forschungen zur Erschließung und Nutzung von Lagerstätten in Österreich, Berichte zum Forschungsschwerpunkt 1973–1978, BHM, Jhg. 124, 1979.

(6) Kelly, Kaniut: Evolution der Ingenieurwerkstoffe; VDI-Nachrichten Nr. 9/1992.

(7) Kent Bowen, H.: Moderne keramische Werkstoffe; Spektrum der Wissenschaft – neue Werkstoffe, 1987.

(8) Konzept für die Versorgung Österreichs mit mineralischen Roh- und Grundstoffen; Bundesministerium für Handel, Gewerbe und Industrie, Wien 1981.

(9) Konzept für die geowissenschaftliche Forschung in Österreich; Bundesministerium für Wissenschaft und Forschung, Wien 1981.

(10) Krull, A.: Maßgeschneiderte Werkstoffe zwingen zu neuen Herstellungsverfahren; VDI-Nachrichten Nr. 7/1992.

(11) KÜRTEN, L.: Das atomare Gedächtnis rückt in greifbare Nähe; VDI-Nachrichten Nr. 14/ 1992.

(12) LIEBSCHER, I. und WILLERT, F.: Technologie der Keramik, Dresden 1955.

(13) OECD-Observer, August 1989.

(14) OSADA, YOSHIHITO und ROSS-MURPHY, S. B.: Intelligente Gele; Spektrum der Wissenschaft, 10/1993.

(15) Österreichisches Montanhandbuch; Bundesministerium für wirtschaftliche Angelegenheiten, Jahresreihe, Bohmann-Verlag.

(16) PETZOW, G. und ADLINGER, F.: Hochleistungskeramiken, vielversprechende, aber schwierige Werkstoffe; Spektrum der Wissenschaft 1/1993.

(17) STERK, G. und MOCK, K.: Bergbau und Rohstoffwirtschaft in der Republik Österreich, Jahrbuch für Bergbau, Öl, Gas, Elektrizität und Chemie 1987/1988, Verlag Glückauf GmbH, Essen.

3. Teiluntersuchungen

Das Forschungsprojekt *Rohstoffe für Zukunftstechnologien* mußte, um sich in seinen Aussagen und Schlußfolgerungen auf solide Grundlagen stützen zu können, in mehreren aufeinanderfolgenden Teiluntersuchungen durchgeführt werden.

Die einzelnen Teiluntersuchungen (insgesamt neun) erfolgten in drei aufeinanderfolgenden Teilschritten:

Im 1. Teilschritt **„Erfassung und Beurteilung der Entwicklung fortgeschrittener bzw. künftig zu erwartender Technologien und Produktinnovationen“** wird als Ausgangsbasis eine Abschätzung der zu erwartenden Weiterentwicklungen im Bereich der Hochtechnologie durchgeführt, verbunden mit einer Auswahl solcher Teilbereiche, für die aussichtsreiche Entwicklungsperspektiven in Österreich abgeleitet werden können. Damit sollen Grundlagen für die Abgrenzung der hiefür erforderlichen Roh-, Grund- oder Werkstoffe geschaffen werden.

Im 2. Teilschritt **„Beurteilung der Verfügbarkeit von Lagerstätten bzw. Vorkommen mineralischer Rohstoffe in Österreich im Hinblick auf neue Anwendungsbereiche und neue Produkte“** wird untersucht, ob derartige Rohstoffe für eine Nutzung durch neue Technologien bzw. für neue Produkte, aus inländischen Versorgungsquellen, insbesondere aus primären Versorgungsquellen, also aus Lagerstätten, bereitgestellt werden können. Diese Untersuchung stützt sich vor allem auf die Ergebnisse der bisher in Österreich durchgeführten zahlreichen systematischen Untersuchungen und gezielten Einzelprojekte.

Im 3. Teilschritt **„Zusammenfassende Erörterung der Ergebnisse des Forschungsvorhabens Rohstoffe für Zukunftstechnologien aus bergwirtschaftlicher Sicht“** werden die Ergebnisse der Untersuchungen aus den Teilschritten 1 und 2 zusammengeführt und daraus Schlußfolgerungen aus bergwirtschaftlicher Sicht für Möglichkeiten einer Nutzung inländischer Lagerstätten bzw. Vorkommen mineralischer Rohstoffe, insbesondere für neue Technologien, gezogen.

Die insgesamt durchgeführten neun Teiluntersuchungen, ausgeführt von namhaften Fachexperten, umfassen im vollen Wortlaut zusammen 812 Maschinschreibseiten im Format DIN-A4, die Beilagen und Pläne nicht mitgerechnet.

Die Teiluntersuchungen im Rahmen des 1. Teilschrittes wurden am 2. Juli 1990 und jene des 2. und 3. Teilschrittes am 18. November 1992 abgeschlossen.

Es ist möglich, gegen Voranmeldung Einsicht in den vollen Wortlaut der neun Teiluntersuchungen zu nehmen (siehe hiezu S. 95).

3.1. Erfassung und Beurteilung der Entwicklung fortgeschrittener bzw. künftig zu erwartender Technologien und Produktinnovationen

Die durchgeführten fünf Teiluntersuchungen des ersten Teilschrittes erbrachten nachstehend angeführte, straff zusammengefaßte Aussagen.

3.1.1. Metallische Werkstoffe, insbesondere zur Erzeugung von Hochleistungsprodukten auf dem konstruktiven Sektor

Von F. Jeglitsch

Kurzfassung von G. Sterk

Den metallischen Werkstoffen kommt unter den Werkstoffen insgesamt eine hervorragende Bedeutung zu.

Zur Entwicklung und Herstellung metallischer Werkstoffe werden vor allem metallische Elemente (nahezu vier Fünftel aller Elemente im periodischen System), aber auch Halbmetalle wie Silizium sowie Nichtmetalle wie Kohlenstoff, Stickstoff und Sauerstoff verwendet. Es besteht daher ein sehr großes Feld für mögliche Kombinationen der chemischen Zusammensetzung einer Legierung.

Von nicht zu unterschätzender, oft von noch größerer Bedeutung als die chemische Zusammensetzung sind aber die bei der Herstellung von Legierungen anzuwendenden Verfahren und Mechanismen. Das Erzielen hoher Kriechfestigkeiten oder die ungewöhnlichen Eigenschaften der amorphen Metalle sind gute Beispiele hiefür.

Die metallischen Werkstoffe werden grob in zwei große Gruppen eingeteilt, nämlich in Funktions- und Konstruktionswerkstoffe.

Funktionswerkstoffe haben bestimmte, spezielle Aufgaben zu erfüllen. Das sind z.B. Halbleiter, Magnetlegierungen, korrosionsbeständige Legierungen und in bestimmten Teilgebieten auch amorphe Metalle.

Im Vordergrund der *Konstruktionswerkstoffe* (auch Strukturwerkstoffe genannt) stehen im Hinblick auf ihren konstruktiven Einsatz, im weitesten Sinn des Wortes, bestimmte mechanische Eigenschaften, wie Festigkeit, Zähigkeit, Ermüdungsverhalten oder Kriechbeständigkeit.

„*Neue Werkstoffe*“ können etwa wie folgt charakterisiert werden:

- Die Entwicklungsdauer eines neuen Werkstoffes ist im Vergleich zu technischen Produkten eher lang (wie z.B. Titanwerkstoffe, Aluminium-Lithium-Legierungen),
- die stoffliche oder chemische Zusammensetzung spielt nicht immer eine zentrale Rolle (wie z.B. bei superplastischen Legierungen und
- durch neue Verfahrenstechniken, die zu veränderten Eigenschaften führen, werden neue Anwendungen ermöglicht [wie z.B. metallische Gläser, CVD-*) und PVD-**)]Techniken.

---

*) **CVD: C**hemical **V**apour **D**eposition (chemisch. Ausscheidungsverfahren).

) **PVD: Physical **V**apour **D**eposition (physikal. Ausscheidungsverfahren).

Beispiele der Werkstoffentwicklung aus den letzten Jahren, wie Formgedächtnislegierungen, superplastische Werkstoffe oder amorphe Metalle, lassen erkennen, daß diese Werkstoffe in bestimmten Sektoren der Technik in zunehmendem Maße mit hoher Wertschöpfung eingesetzt werden, aber vorerst nur geringe Quantitäten ausmachen.

Grundsätzlich ist davon auszugehen, daß die traditionellen Werkstoffgruppen der Konstruktionsmaterialien, wie Eisenbasis-Legierungen, Aluminiumbasis-Legierungen usw., auch in Zukunft dominierend sein werden. Aber auch in diesen Werkstoffgruppen gibt es sektoral bedeutsame Werkstoffentwicklungen, wie z.B. bei den Eisenbasis-Legierungen die stickstofflegierten Stähle oder bei den Aluminiumbasis-Legierungen die Aluminium-Lithium-Legierungen.

In der Tabelle 2 sind die wichtigsten Entwicklungen der metallischen Werkstoffe für den Hochtechnologieeinsatz beispielhaft gruppenweise zusammengefaßt:

Werkstoff – Entwicklungen	**Einsatzbereiche**
Stähle:	
– thermomechanisch behandelte mikrolegierte Stähle	Bauwirtschaft, Maschinenbau, Automobilindustrie
– Werkzeugstähle	Werkzeuge zum Be- und Verarbeiten von Werkstoffen
– TRIP- und IF-Stähle	Maschinenbau
– austentische Stähle	rostfreie Stähle i. d. Gärungschemie, Zellstoff-, Salpetersäure-, Düngemittel-, Synthesefaserindustrie usw.
Leichtbauwerkstoffe:	
– höchstfeste AlZnMgCu-Legierungen	Luft- u. Raumfahrt, Automobilindustrie, Sportartikelerzeugung
– Al-Lithium-Legierungen	Luftfahrt
– pulvermetallurgische Al-Legierungen	Luft- und Raumfahrt
– dispersionsgehärtete Titanlegierungen	Luft- u. Raumfahrt, chemische Industrie, Automobil- u. Maschinenbau, Energieerzeugung, Medizintechnik
Verbundwerkstoffe mit metallischer Matrix	Luft- und Raumfahrt, Automobilindustrie, Maschinenbau
Werkstoffe für den Hochtemperatureinsatz:	
– Nickelbasis-Superlegierungen	Gasturbinen
– intermetallische Phasen	Gas- und Strahltriebwerke, Flugtriebwerke, Ventile
Werkstoffe mit besonderen Eigenschaften:	
– amorphe Metalle	Elektrotechnik, Elektronik, Lotwerkstoffe
– Memory-Legierungen	Regeltechnik, Automation, Implantate, EDV
– superplastische Legierungen	Luft- und Raumfahrt, Elektronik, Automobilindustrie, Maschinenbau, Haushaltsgeräte

Tabelle 2: Wichtigste Entwicklungen der metallischen Werkstoffe für den Hochtechnologieeinsatz

Sektorale Entwicklungen

Der mengenmäßig bedeutendste Werkstoff ist **STAHL**.

Stähle sind FeC-Legierungen, deren Eigenschaften durch Zusatz von Legierungselementen wie Chrom, Mangan, Nickel, Kobalt, Wolfram, Molybdän, Vanadin, Niob und Titan verbessert werden können. Demgegenüber sind für viele Einsatzgebiete die Gehalte an Phosphor, Schwefel und Wasserstoff schädlich und äußerst niedrig zu halten. Von den neueren Entwicklungen sind hervorzuheben:

- thermomechanisch behandelte mikrolegierte Stähle mit den Mikrolegierungselementen Titan, Vanadium und Niob, insbesondere zur Erhöhung der Festigkeitseigenschaften;
- TRIP-(transformation induced plasticity) und IF-(interstitial free) Stähle;
- austentische Stähle mit dem Legierungselement Stickstoff.

Bei den **LEICHTMETALLWERKSTOFFEN** Aluminium, Titan, Magnesium und Beryllium ist vor allem wegen ihrer Verwendung im Verkehr und Transportwesen auch weiterhin eine dynamische Entwicklung zu erwarten.

Aluminium ist neben Eisen das am häufigsten verwendete Metall mit einer geschätzten Steigerungsrate von etwa 1,6% pro Jahr. Als Legierungselemente, vor allem für aushärtbare Knet- und Gußlegierungen, werden Silizium, Eisen, Kupfer, Mangan, Magnesium, Zink, Chrom, Nickel und Titan verwendet. Als zukunftsorientierte Aluminiumlegierungen werden hochfeste AlZnMgCu-Legierungen, AlLi-Legierungen sowie pulvermetallurgische Al-Legierungen für höhere Temperaturen entwickelt.

Aluminium-Lithium-Legierungen sind allgemein von Interesse. Ein Zusatz von 2,5% Lithium zu Aluminium bewirkt eine Dichteabnahme bei gleichzeitiger Steigerung des E-Moduls um etwa 10%, wobei durch Ausscheidungshärtung eine Festigkeitssteigerung erzielt werden kann, was für die Luft- und Raumfahrt von Bedeutung ist. An der Verbesserung der geringeren Bruchzähigkeit wird auch in Österreich gearbeitet.

Pulvermetallurgische Legierungen haben verbesserte mechanische Eigenschaften und stehen in Konkurrenz zu Titanlegierungen. Als Legierungselemente für den Hochtechnologiebereich werden auch Zirkonium, Cer, Molybdän und Vanadium verwendet.

Titan-Legierungen, insbesondere 2phasige α- und β-Legierungen, lassen sich zu höchsten Festigkeiten aushärten. Der größte Anwendungsbereich liegt in der Luftfahrt, vor allem im Triebwerksbau. Als Legierungselemente werden Aluminium, Vanadium, Molybdän, Zirkon, Zinn, Silizium usw., aber auch Seltene Erden verwendet.

Magnesium wird hauptsächlich als Legierungselement in der Aluminiumindustrie (über 56%) und zur Erzeugung von Magnesiumdruckwerkstoffen usw. verwendet. Bei den Gußlegierungen sind MgAlZn-, MgZr- und MgAg-Legierungen, bei den Knetlegierungen MgMn-, MgAlZn- und MgZnZr-Legierungen zu erwähnen. Bei einigen Legierungen werden auch Seltene Erden und Thorium zugesetzt.

Die mengenmäßig wichtigste Verwendung von **Beryllium** ist die als Legierungselement in aushärtbaren Werkstoffen auf Cu-, Ni-, Co- und Fe-Basis. Ein großes Anwendungsgebiet würde sich wegen seiner hohen Steifigkeit im Leichtbau ergeben, wenn die Bruchzähigkeit verbessert werden könnte. Seit einiger Zeit wird Beryllium auch als Spiegel für Weltraumantennen bzw. Infrarot-Navigations- und Zielerfassungssysteme verwendet. BeAl-Legierungen kommen wegen des hohen Preises hauptsächlich für militärische Anwendungen in Frage.

Die **VERBUNDWERKSTOFFE** sind relativ jung. Sie bestehen aus zwei oder mehreren Komponenten, die fest miteinander verbunden sind. Hiebei wird das Grundmaterial, die sog. Matrix, durch Zugabe von Teilchen, Fasern oder durch einen bestimmten Schichtaufbau verstärkt.

Bei den **Teilchenverbund-Werkstoffen** werden als verstärkende Teilchen bevorzugt Oxide, Nitride und Karbide verwendet.

Die **Schichtverbund-Werkstoffe** sind schon länger bekannt. Weitgehend handelt es sich hier um Kunststoff-, aber auch um Metallverbunde.

Bei den **Faserverbund-Werkstoffen** werden als verstärkende Werkstoffe entweder lange Fasern (aus Glas, Stahl, Siliziumkarbid, Siliziumoxid, Aluminiumoxid und Bor) oder Metalle (wie Wolfram, Molybdän, Tantal, Beryllium, Titan, Zirkon) oder metallische einkristalline „Fäserchen“ (Whisker) aus Aluminium-, Magnesium-, Titan-, Zirkonium-, Thorium- oder Berylliumoxid, Siliziumkarbid, Aluminiumnitrid, Kohlenstoff oder Nickel in die Matrix eingebettet. Als Matrix-Werkstoffe werden Polymere, Metalle, Keramik oder Kohlenstoff (Graphit) verwendet.

Durchdringungs-Verbunde haben poröse Matrix-Skelette, die mit einer 2. Phase getränkt werden, wie z.B. W-Cu- bzw. W-Ag-Legierungen, die auch als Starkstromkontakte Verwendung finden.

Bei den Verbundwerkstoffen mit metallischer Matrix (Aluminium, Titan, Magnesium, Beryllium, Superlegierungen sowie intermetallische Verbindungen) für den Einsatz vor allem in der Luft- und Raumfahrt, wird ein jährliches Wachstum von 20% angegeben. Mit Aluminium als Matrix werden als Verstärkungsmaterial vor allem Kohlenstoff-, Bor-, Borosic-, Bornitrid- und Berylliumfasern sowie Aluminiumoxidfasern und Siliziumkarbid-Whisker verwendet.

In steter Fortentwicklung befinden sich die **WERKSTOFFE FÜR DEN HOCHTEMPERATUREINSATZ,** vor allem für Gasturbinen und Strahltriebwerke, für Brennkammern und hochbelastete Raketendüsen in der Luft- und Raumfahrt, aber auch für Hochtemperaturöfen und Wärmetauscher. Die Bedeutung derartiger Werkstoffe wird durch den Umstand charakterisiert, daß durch eine Anhebung der maximalen Einsatztemperatur um 65° C, die Schubkraft eines Flugzeugtriebwerkes um mehr als 20% erhöht wird. Derzeit werden Superlegierungen vor allem auf Nickel- und Kobaltbasis verwendet.

Bei den **Ni-Superlegierungen** sind als neue Entwicklungen die gerichtete Erstarrung sowie die pulvermetallurgisch-dispersionsgehärteten (ODS-)Legierungen zu erwähnen. In Zukunft geht die Entwicklung im unteren Temperaturbereich zu Ti-Legierungen, im mittleren Temperaturbereich zu intermetallischen Phasen und im oberen Temperaturbereich zu faserverstärkten Verbundwerkstoffen, vor allem mit Keramik- und Graphitmatrix.

Bei Temperaturen von 1.000 bis gegen 1.100° C werden vornehmlich **Legierungen auf Co-Basis** eingesetzt. Als Legierungselemente werden Chrom neben

Zusätzen von Niob und Tantal bzw. Aluminium verwendet, weiters Wolfram und Molybdän sowie Hafnium und Yttrium.

Als Alternative zu den vorgenannten Werkstoffen bieten sich **intermetallische Phasen** an, deren Einsatz wegen ihrer geringen Dichte und höheren Festigkeit eine Gewichtsersparnis bis zu 50% ermöglichen könnte. Ungelöste Probleme sind noch die hohe Sprödigkeit und die relativ geringe Korrosionsbeständigkeit. Die beiden wichtigsten Gruppen sind Nickelaluminide vom Typ Ni_3Al mit Legierungselementen Chrom, Zirkon und Bor sowie Titanaluminide.

Zu den **HOCHSCHMELZENDEN METALLEN UND LEGIERUNGEN** werden jene gezählt, die Schmelzpunkte über 2.000° C haben. Das sind Hafnium, Tantal, Niob, Molybdän, Wolfram, Rhenium, Ruthenium, Osmium und Iridium.

Wolfram ist mit 3.400° C das höchstschmelzende Metall. Mit Kohlenstoff, Silizium und Bor bildet Wolfram sehr beständige und sehr harte Verbindungen. Hauptanwendungen sind die Hartmetall-Industrie (W-Karbide), der Einsatz als Legierungskomponente für die Herstellung von Warmarbeits- und Schnellarbeitsstählen, der Einsatz in der Elektrotechnik wegen seiner hohen thermischen Belastbarkeit usw. Als Legierungszusätze sind vor allem Rhenium, Thorium, Al_2O_3 usw. zu erwähnen.

Molybdän, das bei 2.600° C schmilzt, wird zu fast 90% als Legierungskomponente eingesetzt, hauptsächlich in der Stahlindustrie. Zu erwähnen sind MoTi-, MoW- und MoRe-Legierunen sowie Verbundlegierungen (MoU-Legierungen als Reaktorbrennstoff) und cermetartige Legierungen (duktile Verbundwerkstoffe des Molybdäns mit 0,03–3% Aluminium-, Thorium-, Zirkon und anderen Oxiden).

Tantal hat mit 2.997° C einen sehr hohen Schmelzpunkt. Wegen seiner hervorragenden Korrosionseigenschaften wird es hauptsächlich als Reinmetall verwendet. Daneben sind vor allem TaW-Legierungen zu erwähnen, die fast die Warmfestigkeit von Wolfram erreichen, aber leichter verformbar sind.

Zu den **BASISMETALLEN** zählen Kupfer, Blei, Zink und Zinn sowie Aluminium, auf das schon eingegangen wurde.

Kupfer ist heute noch das drittwichtigste Gebrauchsmetall. Es ist wegen seiner hohen elektrischen Leitfähigkeit in der Übertragung von elektrischer Energie schwer ersetzbar. Seine Verwendung in der Übertragung von Informationen wird es an die Glasfasern verlieren. Die Kupferlegierungen (CuZn, CuSn, CuAl, CuPb, CuNi, CuBe) werden auf der Werkstoffseite z.T. stark von Ti- und Al-Werkstoffen sowie von Kunststoffen substituiert.

Blei wird hauptsächlich in Akkumulatoren und Batterien verwendet. In der Ummantelung von Kabeln wird es zunehmend von Kunststoffen verdrängt. An Verbindungen sind PbSb-Legierungen (Hartblei), Lotlegierungen und Gleitlagerlegierungen zu erwähnen.

Hauptanwendungsbereiche für **Zink** sind Korrosionsschutz von Eisen (50%) und die Druckgußfabrikation. Während bisher für Druckgußteile ZnAl-Legierungen mit 4% Al verwendet wurden, hat man nunmehr drei neue Legierungen (ZA-8, ZA-12 und ZA-27) entwickelt, die auch für neue Anwendungsbereiche in Frage kommen.

Zinn ist ein sehr niedrig schmelzendes Schwermetall mit geringer Festigkeit, aber guter chemischer Beständigkeit. Die Hauptanwendung liegt nach wie vor in der Weißblechproduktion (34%) mit starkem Substitutionswettbewerb, bei den Zinnbasis-Loten (31%) sowie als Lager- und Weißmetall. Bei den Lagerlegierungen auf Zinnbasis werden Kupfer, Antimon und Kadmium verwendet. Bei den Sn-Beschichtungswerkstoffen wären als neue Entwicklungen SnZn-Legierungen sowie SnNi-Legierungen zu erwähnen. In der Elektronik wird an der Entwicklung neuer Löttechnologien geforscht, um eine weitere Miniaturisierung zu erzielen.

Zu den **EDELMETALLEN UND EDELMETALLEGIERUNGEN** zählen neben Gold und Silber sowie Platin auch die Platinmetalle Ruthenium, Rhodium, Palladium, Osmium und Iridium, auf die hier nicht näher eingegangen wird.

Als **NUKLEARWERKSTOFFE** werden, abgesehen von Brennstoffen, vor allem Eisenwerkstoffe für den gesamten Primärkreislauf wassergekühlter Rohre sowie Zirkon und Zirkonlegierungen für die Hüllrohre, verwendet.

Eine große Aktualität kommt den metallischen **IMPLANTAT-WERKSTOFFEN** zu. Je nach der Verweildauer im menschlichen Körper unterscheidet man Kurz- und Langzeit-Implantate. Derartige Werkstoffe müssen biokompatibel und korrosionsbeständig sein sowie eine ausreichende Festigkeit aufweisen. Verwendet werden:

- **Werkstoffe auf Eisenbasis** (CrNi Mo-Stahl) vor allem für Platten, Schrauben und Nägel sowie für Operationsinstrumente,
- **Werkstoffe auf Kobaltbasis**, besonders für Langzeitimplantate, und
- **Werkstoffe auf Titanbasis**, die eine besondere Biokompatibilität und Korrosionsresistenz aufweisen.
- **Neuere Entwicklungen** sind Rein-Niob und Rein-Tantal.

Unter den **WERKSTOFFEN MIT BESONDEREN EIGENSCHAFTEN** sind amorphe Metalle, Memory-Legierungen und superplastische Legierungen zu erwähnen.

Amorphe Metalle, auch **Metallische Gläser** genannt, zeichnen sich durch besondere mechanische, magnetische und elektrische Eigenschaften sowie eine hohe Korrosionsbeständigkeit aus. Die meisten Anwendungen nutzen die hervorragenden magnetischen Eigenschaften. Hauptanwendungsgebiete sind daher die Elektrotechnik und die Elektronik. Die Entwicklung konzentriert sich heute i.w. auf folgende drei Legierungssysteme:

- Hocheisenhältige Legierungen, wie $Fe_{80}B_{20}$ oder $Fe_{77}Si_9C_2$,
- Nickelhältige Legierungen, wie $Fe_{40}Ni_{40}P_{14}B_6$ oder $Fe_{62}Ni_{16}Si_8B_{14}$,
- Hochkobalthältige Legierungen, wie $Co_{70}Fe_5Si_{15}B_{10}$ oder $Co_{58}Ni_{10}Fe_5Si_{11}B_{16}$.

Memory-Legierungen sind neue Werkstoffe, die ihre Gestalt in Abhängigkeit von der Temperatur ändern. Derartige Werkstoffe werden z.B. in der Datenverarbeitung, Automation und Regelungstechnik, in der Medizin für Implantate, Bandscheibenersatz usw. verwendet. Für technische Anwendungen sind bisher erst drei Legierungsgruppen geeignet: NiTi, CuZnAl und CuAlNi. Derzeit wird an der Entwicklung von Memory-Legierungen auf Titan- und Eisenbasis gearbeitet.

Superplastische Legierungen haben die Fähigkeit, außerordentliche Dehnungen zu erreichen. Derartige Werkstoffe auf Al-, Ti- und Mg-Basis werden in der Luft- und Raumfahrt für massiv verpreßte Schaufel-Turbinenräder, Satellitentanks usw. verwendet. Großes Interesse wird auch der superplastischen Druckumformung von Schmiedestählen entgegengebracht.

Die hervorragendste Eigenschaft der ***Hartmetalle*** ist die hohe Druckfestigkeit. Den größten Anwendungsbereich stellt die spanende Bearbeitung dar. Entwicklungen haben das Ziel, bei hoher Härte und Verschleißfestigkeit, die Bruchzähigkeit zu verbessern. Hervorzuheben sind WC-Co-Hartmetalle, Mehrkarbidhartmetalle, WC-TiC-Co-Hartmetalle, WC-TiC-Ta(Nb)C-Co-Hartmetalle, Hartmetalle auf Titankarbidbasis und korrosionsfeste Hartmetalle.

Bedeutsam sind auch **MODERNE PHYSIKALISCHE VERFAHREN DER OBERFLÄCHENTECHNIK** (CVD- und PVD-Technologie*), die es erlauben, sehr dünne Hartstoffschichten aus der Dampfphase auf die Oberfläche eines Werkstükkes als Oberflächenschutz aufzubringen. Hiezu werden Titankarbid, Titannitrid und Aluminiumoxid verwendet.

Benötigte Rohstoffe, Verfahrenstechniken

Die Technik nützt heute nahezu alle Elemente des periodischen Systems für die verschiedensten Anforderungen. Für konstruktive Zwecke werden vor allem nachstehend angeführte **Metalle** (nach Atomgewichten geordnet) verwendet:

Lithium, Beryllium, Magnesium, Aluminium, Titan, Vanadin, Chrom, Mangan, Eisen, Kobalt, Nickel, Kupfer, Zink, Zirkon, Niob, Molybdän, Rhenium, Palladium, Silber, Cadmium, Zinn, Antimon, Hafnium, Tantal, Wolfram, Osmium, Iridium, Platin, Gold und Blei. Daneben gibt es eine Reihe von weiteren Elementen, die eine große Bedeutung haben, wie z.B. Bor, Kohlenstoff, Stickstoff und Sauerstoff. Diese Elemente dienen einerseits für viele Werkstoffe als Legierungselemente (z.B. stickstofflegierte Stähle), aber auch zur Erzeugung der für die Technik so wichtigen Hartstoffe, also der Boride, Karbide, Nitride und Oxide. Die Elemente Natrium und Strontium werden benützt, um die Silumine (Al-Si-Legierungen) zu veredeln, also feinkörnig erstarren zu lassen. Phosphor ist nicht nur meist ein unerwünschtes Verunreinigungselement bei den Stählen, sondern ein wichtiges Legierungselement bei der Herstellung von amorphen Metallen. Die Seltenen Erdmetalle, wie Cer, Lanthan und Yttrium, dienen einerseits als Impfelemente für die Bildung heterogener Keime bei der Erstarrung, anderseits zur Erzeugung thermisch stabiler Oxide für Hochtemperaturwerkstoffe.

Die Bedeutung des Recyclings bzw. der **sekundären Rohstoffquellen** ist für den Werkstoffeinsatz bei Hochtechnologieprodukten differenziert zu sehen. Aus Gründen der Ressourcenschonung und des Umweltschutzes ist es ohne Zweifel richtig und förderungswert, im Sinne des Schließens von Kreisläufen die Recyclingquote bei den metallischen Werkstoffen soweit als möglich zu erhöhen. Anderseits benötigen Legierungen für den Hochtechnologieeinsatz mit seinen extremen Anforderungsprofilen auch legierungsmäßig fein abgestimmte Werkstoffe mit meist hohem Reinheitsgrad. Sie werden daher praktisch ausschließlich aus Primärrohstoffen aufgebaut.

Eine entscheidende Bedeutung bei der Herstellung von Legierungen kommt den **Verfahrenstechniken** zu.

---

*) Siehe Seite 25.

Klassische Werkstoffe können durch moderne Verfahrenstechniken wieder zu neuen Werkstoffen werden. Der Einsatz von Herstellungstechnologien, wie z.B. der Rascherstarrung, der Oberflächenveredlung durch energiereiche Strahlen, der Pulvermetallurgie, wird es möglich machen, durch Überwindung der Grenzen der konventionellen Schmelzmetallurgie und durch die Einstellung extremer Ungleichgewichtszustände Werkstoffe mit außergewöhnlichen Eigenschaften herzustellen. Die Kombination von Werkstoffgruppen über verschiedene Verbundtechniken wird es letztlich erlauben, durch die Ausnützung der Anisotropie die Eigenschaften den anisotropen Belastungen noch besser anzupassen als bisher.

Neue Werkstoffe werden zu Recht zu den Schlüsseltechnologien gezählt; ohne sie ist keine technische Idee realisierbar.

Literatur-Auswahl

(1) Aluminium-Taschenbuch: Aluminium-Verlag, Düsseldorf 1983.

(2) Clyne, T. W. & Withers, P. J.: An Introduction to Metal Matrix Composites, Cambridge University Press, 1993.

(3) Entwicklungstendenzen bei Implantatwerkstoffen; Vorträge der 5. Sitzung des Arbeitskreises Implantate, Deutscher Verband für Materialprüfung, Berlin 1985.

(4) Glasiger Zustand metallischer Systeme; Ergebnisse eines Schwerpunktprogramms, DFG 1979 bis 1987, Berichtband 1988.

(5) Jeglitsch, F.: Symposium „Neue Rohstoffe für neue Technologien", Wien 1988.

(6) Jeglitsch, F.: Werkstoffe 2000, Schriftenreihe des Wirtschaftsförderungsinstitutes Nr. 200, Wien 1990.

(7) Jeglitsch, F.: Forschungsschwerpunkt Hochleistungswerkstoffe, BHM 135 (1990), Heft 5.

(8) Jeglitsch, F.: Arbeitskreis „Werkstoffe", BHM 136 (1991), Heft 9.

(9) Kieffer, G., Jangg, P. & Ettmayer, P.: Sondermetalle – Metallurgie, Herstellung, Anwendung, Springer-Verlag, Wien–New York 1971.

(10) Minoru Taya, R. J., & Arsenault, R. J.: Metal Matrix Composites, Pergamon Press, Oxford–New York 1989.

(11) Neue Werkstoffe – Revolution in der Anwendung? Arbeitskreis 1, Europäisches Forum Alpbach 1987; Conturen, März 1988, siehe insbes. d. Beiträge:
- Jeglitsch, F.: pp. 49–56
- Bildstein, H.: pp. 57–73
- Kellerer, H.: pp. 74–82
- Jeglitsch, F., Bildstein, H. & Kellerer, H.: pp. 83–87.

(12) Perkins, J.: Shape memory effects in alloys, Plenum Press, New York 1975.

(13) Polmear, J.: Light Allois, E. Arnold, London–New York–Melbourne–Auckland 1989.

(14) Rother, B., & Vetter, J.: Plasma-Beschichtungsverfahren und Hartstoffschichten, Deutscher Verlag für Kunststoffindustrie, Leipzig 1992.

(15) Sikka, V. K.: Advanced Mat. & Processing Techn. f. Struct. Appl. Paris 1987.

(16) Suresh, S., Mortensen, A., & Needleman: Fundamentals of Metal Matrix Composites, Butterworth Heineman, 1993.

(17) Werkstoffkunde Stahl, Bd. 1 u. 2, Verein Deutscher Eisenhüttenleute, Verlag Stahleisen GmbH Düsseldorf, Springer-Verlag Berlin–Heidelberg–New York–Tokyo 1985.

3.1.2. Hochleistungskeramik

Von G. Petzow und R. Danzer

Kurzfassung von G. Sterk

Die Hochleistungskeramik basiert auf anorganischen Verbindungen (Oxide, Nitride, Carbide, Boride), die in vielfältiger Weise zu kombinieren sind. Ihre Verarbeitung zu mechanisch hochbeanspruchbaren Werkstücken gelang erst in unserer Zeit, als wichtige technische Voraussetzungen dafür geschaffen waren. Diese Werkstoffgruppe ist so jung, daß nicht einmal die Nomenklatur einheitlich ist. Bezeichnungen wie Ingenieur- oder Sonderkeramiken, high-tech ceramics, advanced oder fine ceramics sind ebenfalls gebräuchlich.

Heute weisen die Hochleistungskeramiken bereits beachtliche Anwendungserfolge auf. Ihnen ist ein vielversprechendes Potential für weitere technische Nutzungen zuzuschreiben.

Das jährliche Wachstum des Marktvolumens wird mit 15 bis 20% angenommen. Das Weltmarktvolumen betrug im Jahre 1988 etwa 160 Mrd. öS. Es wird angenommen, daß es bis zum Jahr 2.000 auf etwa 300 bis 700 Mrd. öS ansteigen wird. Der Weltmarkt wird derzeit von wenigen Ländern beherrscht: Japan rund 70%, USA rund 17%, BRD rund 5%.

Österreich hat bei der Hochleistungskeramik einen Weltmarktanteil von etwa 1%, wobei insbesondere spezialisierte Produkte der Elektrokeramik (Varistopren, Thermistoren, Kondensatoren) und der Mechanokeramik (Beläge für Papiermaschinen, Katalysatorenträger) in den Marktsegmenten der einschlägig tätigen Unternehmen starke Anteile aufweisen. Davon abgesehen sind österreichische Unternehmen nur in einigen Randbereichen der Hochleistungskeramik, wie Feuerfeststoffe, Schleifmittel, Beschichtungen usw., tätig.

Eine Reihe wichtiger Eigenschaften macht die Hochleistungskeramik gegenüber anderen Werkstoffen besonders attraktiv, wie die hervorragenden Hochtemperatureigenschaften, die gute Verschleißfestigkeit, die extreme Korrosions- und Oxidationsbeständigkeit, aber auch die hohe elektrische Isolation, die gute Schneidfestigkeit usw. Noch nicht zufriedenstellend gelöst sind die Sprödigkeit und das ungünstige Verhalten bei schlagartiger mechanischer Beanspruchung. Der Verbesserung des Bruchwiderstandes kommt daher eine zentrale Bedeutung bei der Forschung und Entwicklung zu. Grundsätzlich bestehen zwei Möglichkeiten, die Sprödigkeit zu verringern: Minderung der kritischen Fehlergröße, die vor allem durch eine höhere Verarbeitungsqualität erreicht werden kann, und Erhöhung des kritischen Bruchwiderstandes durch Gefügeoptimierung ohne oder mit zusätzlichen Verstärkungsmechanismen. Die Verstärkung kann insbesondere durch Einlagerung von Teilchen und Whiskern (einkristalline Fäserchen) bewirkt werden.

Es ist zu erwarten, daß bei weiteren Verbesserungen, insbesondere bei Verringerung der Sprödigkeit, die Anwendung der Hochleistungskeramiken noch stärker zunehmen wird. Besondere Marktzuwächse sind zu erwarten, wenn es gelingt, in einzelnen, heute noch nicht völlig beherrschten Bereichen den Durchbruch zur Marktreife zu erzielen, wie z.B. bei der Motorkeramik, bei Hochtemperatursupraleitern usw.

Seit einiger Zeit wird intensiv an der Entwicklung keramischer Ventile für Hubkolbenmotoren gearbeitet. Bereits durchgeführte Versuche bei Fahrzeugen von Daimler-Benz mit keramischen Ventilen verliefen derart gut, daß an der Serienreife derselben zügig weitergearbeitet wird. Hervorgehoben werden der durch keramische Ventile bewirkte deutlich ruhigere Lauf, eine wesentliche Minderung der Emissionen (Kohlenwasserstoffe um rd. 30%, Kohlenmonoxid um rd. 20% und Stickoxide sogar um rd. 80%) sowie eine Reduktion des Kraftstoffverbrauches um 3 bis 4%.

Die Hochleistungskeramik kann man einerseits nach den Eigenschaften (z.B. mechanische, thermische, elektrische, optische usw.) und anderseits nach den chemischen Kriterien (z.B. Oxide, Nitride, Boride usw.) einteilen.

Die Gliederung der Hochleistungskeramik nach den Produkteigenschaften (Werkstoffgruppen) ist meist für bestimmte Einsatzgebiete typisch (Bild 1). Diese Einteilung ist daher vor allem im Hinblick auf Produktmärkte von Interesse.

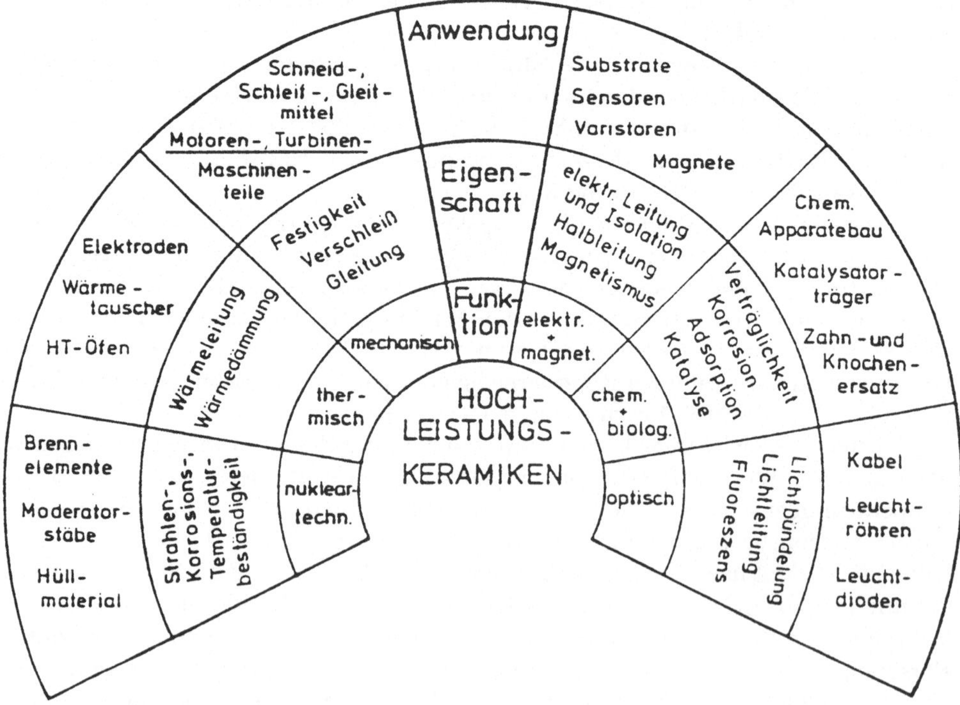

Bild 1: Beispiele für Eigenschaften und Anwendungen von Hochleistungskeramik

Für die Darstellung des Rohstoffbedarfes ist die Einteilung nach chemischen Kriterien interessanter (Tabelle 3).

Tabelle 3: Einteilung der Hochleistungskeramiken nach chemischen Kriterien

Werkstoff	**Eigenschaften**	**Anwendungsbeispiele**
1.: Monolithische Werkstoffe Siliciumcarbid (gesintert) SiC, Siliciuminfiltriertes Siliciumcarbid SiSiC	Hohe Härte, Dichte, Wärmeleitfähigkeit, geringe Wärmedehnung, Thermoschockbeständigkeit, Verschleißfestigkeit, chem. Resistenz, hoher E-Modul	Wärmetauscher, Verschleißteile, Lager, Maschinen- u. Motorenbau, Brennerrohre, Medizintechnik, Transistoren, Chemieanlagenbau, Beschichtungen
Siliciumnitrid (gesintert) Si_3N_4, SiAlONe, $Si_{6-x}Al_xO_xN_{8-x}$	Wie SiC, jedoch etwas geringere Wärmeausdehnung, geringere Wärmeleitfähigkeit, höhere Raumtemperatur- und geringere Hochtemperaturfestigkeit, höhere Schlagzähigkeit	Dichtringe, Schneidkeramik, Verschleißteile, Maschinen- und Motorenbau, Medizintechnik, Brennerdüsen, Wärmetechnik, Beschichtungen
Carbide, Boride, Nitride, Silicide der Metalle Ti, Zr, Hf, V, Ta, Nb, Cr, Mo, W, Fe	Hohe Härte und Korrosionsbeständigkeit	Schneidkeramik, Schmelzmetallurgie, Heizleiter, Düsen, Schleifmittel, Beschichtungen
Aluminiumnitrid	Hohe Wärme- und niedrige elektrische Leitfähigkeit, geringere Wärmeausdehnung, chemische Resistenz	Mikroelektronik (Träger für Siliciumchips)
Aluminiumoxid Al_2O_3	Gute Festigkeit, geringes spez. Gewicht, gute Gleiteigenschaften, korrosionsbeständig, elektr. isolierend, durchscheinend, biokompatibel	Gleit- und Dichtringe, Fadenführer, Tiegel, Stäbe, Rohre, Träger für Chips, Leuchtröhren, Implantate
Zirkoniumdioxid ZrO2 (teilstabilisiert, PSZ; tetragonal, TZP; cubisch, CSZ), Aluminium-Zirkoniumdioxid $Al_2O_3ZrO_2$, ZTA	Zähigkeit, Festigkeit, geringe Wärmeleitfähigkeit, Temperaturwechselbeständigkeit, elektrische Leitfähigkeit von Sauerstoffkonzentration abhängig, Umwandlungsverstärkung (durch wechselnde Kristallstruktur)	Schmelzmetallurgie, Lambda-Sonde (Gas-Sensor), Beschichtungen, Schneidkeramik
Bleizirkoniumtitanat, $PbZrTiO_3$, PZT	Piezoelektrische Eigenschaften	Energieumwandlung, Ultraschalltechnik, Sensoren, Zündelemente, Tongeber, Aktuatoren
Bleilanthanzirkoniumtitanat (Pb, La) (Zr, Ti)O_3, PLZT	Elektrooptische Eigenschaften	Optosensoren
Zinnoxid, SnO_2, Zinkoxid, ZnO	Chemisch reaktive Oberfläche nicht linearer Widerstand	Sensoren, Varistoren
Aluminiumoxid-Titancarbid, Al_2O_3-TiC	Härte, Verschleißfestigkeit	Beschichtungen, Schneidkeramik

Werkstoff	Eigenschaften	Anwendungsbeispiele
Siliciumkeramik (u.a. SiO_2-FeO-TiO_2)	Niedrige Dichte, gute thermische Isolation	Isoliermaterial für Wärme- und Heizgeräte, Metallurgie
2.: Kohlenstoff-Werkstoffe	Härte, Festigkeit, Temperaturbeständigkeit, Korrosionsfestigkeit, Dichte (porenfrei), niedriges spezif. Gewicht, Körperverträglichkeit	Chemische Analytik, Implantate, Elektroden, Schmelztiegel, Maschinenbau
Glaskohlenstoff: polykrist. Diamant	Härte, Verschleißwiderstand	Schneid- und Schleifwerkzeuge
3.: Glas-Werkstoffe Ormosile (organisch modifizierte Silicate), hochreines Quarzglas	Kratzfestigkeit, Gasundurchlässigkeit, niedrige Lichtverluste, chemisch rein, auch bei hohen Temp., Reinheit von Inhomogenitäten	Beschichtungen von Glas, Acrylglas und Aluminiumfolie, Haftschalen, chem. und faseroptische Sensoren, Kommunikations- und Halbleitertechnik
Halogenid-Gläser (Fluoride, Chloride usw.) Glaskeramiken	Infrarotabsorption theoret. geringer als bei Quarzglas Geringe Wärmeausdehnung	Teilbereiche der optischen Glasfaseranwendung Optische Geräte, Implantate
Lithiumniobat ($LiNbO_3$)	Elektrooptisch, piezoelektrisch	Oberflächenwellentechnik, elektrooptische Modulatoren
4.: Faserwerkstoffe		Verstärkungsfaser für Kunststoffe und Kohlenstoff
Kohlenstoff-Fasern	Hohe Zugfestigkeit, hoher Elastizitätsmodul, niedriges spezifisches Gewicht, leichte Oxidation bei höheren Temperaturen, auch SiC-beschichtet	Verstärkungsfaser für Aluminium und Titan Filter- und Isoliertechnik Isolierungen Verstärkungsfaser Sportgeräte, Luft- und Raumfahrzeugbau
Keramik-Fasern aus: – Siliciumkarbid mit oder ohne Substratfaden – Siliciumdioxid – Aluminiumoxid – Zirkoniumdioxid – Borfasern (mit Wolframseele)	Hohe Zugfestigkeit, chemisch beständig Hitzebeständig bis 1.100° C Wärmeisolation Wärmeisolation Hohe Zugfestigkeit, hohes spezifisches Gewicht	Verstärkung von Metallen und Keramiken
Siliciumcarbid-Whisker	Sehr hohe Zugfestigkeit, schwierige Verarbeitung	
5.: Faserverstärkte Verbundwerkstoffe		Luft- und Raumfahrt, Sportartikel, Fahrzeugbau, Röntgentechnik, Prothesen, Gleitringe und Lager
Kohlenstoffaserverstärkter Kohlenstoff, CFC	Hochtemperaturfest, formbeständig bis über 2.000° C, niedriges spez. Gew., chem. resist., hoher E-Modul, altert nicht, gute Leitfähigkeit, für Wärme und Elektrizität, oxidiert bei T > 550° C	Luft- und Raumfahrt

Werkstoff	Eigenschaften	Anwendungsbeispiele
Kohlenstoffaserverstärkte Glaskeramik	Gute Festigkeit und Zähigkeit auch bei hohen Temperaturen, hoher E-Modul, korrosionsbeständig	Motoren- und Maschinenbau
Andere faserverstärkte Keramik	Bessere Duktilität, verbessertes Sprödbruchverhalten, erhöhte Bruchzähigkeit	Schneidtechnik
Whiskerverstärkte Keramik	Bessere Duktilität, verbessertes Sprödbruchverhalten, erhöhte Bruchzähigkeit	
6.: Beschichtete Werkstoffe Keramikbeschichtetes Metall, keramikbestücktes Metall	Verschleißschutz, Hitzeschutz, Korrosionsschutz	Schneidtechnik, Verschleißteile, Motoren- und Triebwerksbau
Beschichtung von hochwarmfesten Sondermetallen (W, Ta, Mo, Nb) mit Al-Siliciden, Cermet-Überzügen	Verhinderung der Korrosion und Oxidation zumindest für kurzzeitigen Einsatz	Motoren- und Triebwerksbau

Die Materialien, aus denen die Hochleistungskeramik besteht, sind seit langem bekannt: Es sind Oxide, Nitride, Carbide und Boride, vorzugsweise des Aluminiums, des Siliciums und der Metalle der 4. und 6. Nebengruppe des periodischen Systems. Die Elemente, aus denen die Hochleistungskeramiken bestehen, sind also in der Erdkruste und Atmosphäre reichlich verfügbar. Hochleistungskeramiken werden wie viele konventionelle Keramiken und alle pulvermetallurgischen Werkstoffe aus „Pulvern" hergestellt, die man zu einem sogenannten Grünkörper verpreßt und anschließend durch Sintern verdichtet. Beim Sintern verbacken die Pulverteilchen entweder direkt (Festphasensintern) oder mittels einer Schmelze, die wie ein Kleber wirkt (Flüssigphasensintern).

Die Herstellung von Hochleistungskeramiken erfordert Ausgangsprodukte mit sehr hohen Reinheitsgraden. Die „Pulver", die ebenfalls pulverförmigen „Sintermittel (Additive)" und die „Hilfsstoffe" werden daher in der Regel chemisch (synthetisch) hergestellt. Grundsätzlich muß mit extrem feinem „Pulver" mit Pulverdurchmessern von einigen Mikrometern und weniger gearbeitet werden. Bei der Verarbeitung kommt einer vollkommenen Durchmischung eine entscheidende Bedeutung zu.

Als Rohstoffe für die „Pulver", wie Al_2O_3, SiO_2, Fe_2O_3, WC, $BaTiO_3$, SiC, Si_3N_4, ZrO_2, BN usw., werden Bauxit, Quarzit bzw. Quarzsand, Scheelit bzw. Wolframit, Rutil bzw. Ilmenit, Zirkon, borhältige Rohstoffe usw. verwendet.

Lagerstätten derartiger Rohstoffe sind – mengenmäßig gesehen – weltweit ausreichend vorhanden und stehen z.T. auch in Österreich zur Verfügung.

Weitere Fortschritte bei der Hochleistungskeramik sind durch die Entwicklung verbesserter Pulver, Whisker und Fasern zu erwarten, doch werden diese verbesserten synthetischen Grundstoffe aus denselben Rohstoffen wie die bisherigen Produkte erzeugt.

Die Forschung und Entwicklung auf dem Sektor der Hochleistungskeramik ist in Österreich zur Zeit noch bescheiden. Neben den bestehenden Aktivitäten in Randbereichen, wie eingangs erwähnt, sind Forschungsaktivitäten vor allem auf dem Gebiet der Hochtemperatur-Supraleiter zu erwähnen.

Bereiche mit aussichtsreichen Entwicklungsperspektiven können in Österreich vor allem dort gefunden werden, wo auf Erfahrungen aus anderen Wissensbereichen zurückgegriffen werden kann, wie z.B. in der Konstitutionsforschung, der Werkstoff- und Metallkunde, der Pulvermetallurgie, der Gießereitechnik, der Umformtechnik, der Bearbeitungstechnik, der Werkstoffprüfung, der technischen Mechanik und der Konstruktionslehre, um nur einige zu nennen. Dieses Wissen könnte besonders in folgenden Forschungsbereichen der Hochleistungskeramik von Nutzen sein:

- Entwicklung mehrkomponentiger keramischer Legierungen,
- keramische Beschichtungen,
- Bearbeitung von Keramiken,
- Prüfung keramischer Werkstoffe,
- Konstruieren mit keramischen Werkstoffen und
- Verbindungstechnik zwischen Metall und Keramik.

Erfolgversprechende Entwicklungsperspektiven für die österreichische Industrie sind vor allem dann zu erwarten, wenn spezielle industrielle Anwendungen den Einsatz von Hochleistungskeramiken erfordern und zunächst kleine Serien benötigt werden (hohes Maß an Spezialisierung). Bei kleinen Serien ist der Eintritt in den Markt vermutlich eher möglich als bei Großserien, da etablierte Firmen auf ein größeres Produktionsvolumen eingerichtet sind (Nutzung von Marktnischen).

Ein Eintritt in die Massenproduktion hochleistungskeramischer Teile ist realistisch, wenn es zu einer breiten Zusammenarbeit mit anderen Herstellern und Großanwendern kommt und das entsprechende Know-how weitgehend von diesen Partnern, z.B. in Form von Joint-ventures, zur Verfügung gestellt wird. Solche Projekte können selbstverständlich nur von der Industrie definiert werden. Beispiele für Bereiche, in denen Hochleistungskeramiken in großen Mengen eingesetzt werden bzw. in denen so ein Einsatz absehbar ist, sind die Elektrotechnik, die Elektronik und die Automobilindustrie.

Es ist zu erwarten, daß wesentliche Impulse für die Forschung und Entwicklung in Österreich auf dem Sektor der Hochleistungskeramik aus dem vor einiger Zeit neu gegründeten Ordinariat für „Struktur- und Funktionskeramik" an der Montanuniversität Leoben ausgehen werden.

Literatur-Auswahl

(1) Hamminger, R. und Heinrich, J.: Keramische Ventile für Automobilmotoren, Spektrum der Wissenschaft, 1/1993.

(2) British Ceramic Research Ltd.: Analysis of the Market for Advanced Ceramic Products in EC Countries, British Ceramic Research Ltd, 1987.

(3) Cadotte, E., Brewer, J., and Craig, D. F.: Industry Survey on CAMDEC and the Barriers to Commercialization of Advanced Ceramics, Ceramic Bulletin 66, 1987.

(4) Danzer, R.: Performance Prediction for Ceramics: Encyclopedia of Advanced Ceramic Materials, Pergamon Press, Oxford, UK, 1991.

(5) Droscha, H.: Technische Keramik in Produktion und Entwicklung, Metall 41, 1987.

(6) Fettweis, G. B.: Zusammenfassung der Vorträge des Symposiums „Neue Rohstoffe für neue Technologien", Grundlagen der Rohstoffversorgung 9, Bundesministerium für wirtschaftliche Angelegenheiten, Wien 1988.

(7) Interceram: Ceramics in Japanese Automobile Construction – An Overview, Nr. 5, 1989.

(8) Kenney, G. B., and Bowen, H. K.: High Tech ceramics in Japan: Current and Future Markets, Ceramic Bulletin 62, 1983.

(9) Ohler, F.: Entwicklungsscenario Hochtemperatursupraleiter, Ludwig-Boltzmann-Institut für Wissenschaftsforschung, Graz 1988.

(10) Petzow, G., und Aldinger, F.: Hochleistungskeramiken, vielversprechende, aber schwierige Werkstoffe, Spektrum der Wissenschaft, 1/1993.

(11) Streck, W. R.: Chancen und Risken neuer Werkstoffe für die bayrische Industrie, Ifo-Studien zur Industriewirtschaft 37, Ifo-Institut für Wirtschaftsforschung e.V., München 1989.

(12) Tennery, V. J.: Ceramics in Engines – An International Status Report, Ceramic Bulletin 68, 1989.

3.1.3. Entwicklungstendenzen bei Grundstoffen aus dem Bereich der Steine, Erden und Industrieminerale

Von J. G. Haditsch

Kurzfassung von G. Sterk

Es ist anzunehmen, daß eine Vielzahl der Steine, Erden und Industrieminerale auch in der Zukunft weltweit in steigendem Ausmaß verarbeitet werden. Dieser Trend ergibt sich einerseits aus der zunehmenden Substitution anderer Grund- bzw. Werkstoffe, insbesondere der Metalle, und anderseits aus der Entwicklung neuer bzw. verbesserter Verfahren und Produkte. Darüber hinaus stellen die meisten Steine, Erden und Industrieminerale relativ billige Massenrohstoffe dar, für die auch in absehbarer Zeit kaum ein Preisanstieg zu erwarten ist. Dabei dürften nur die Selten-Erden-, Bor-, Jod- und Nitratrohstoffe sowie die Blockglimmer eine Ausnahme bilden.

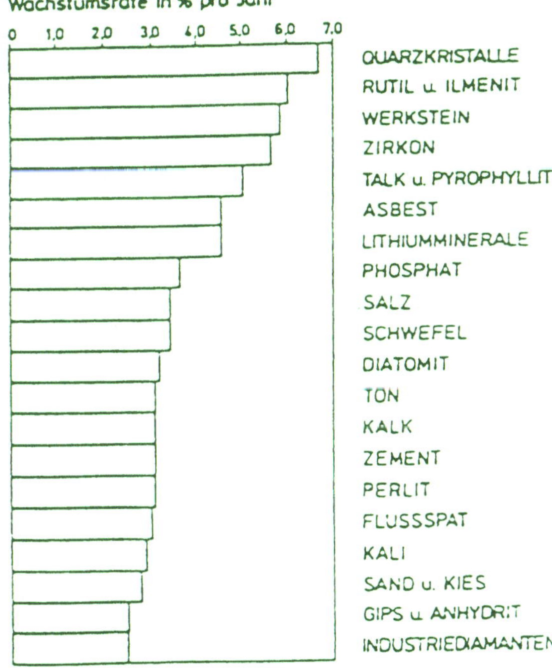

Bild 2: Wahrscheinliche durchschnittliche jährliche Wachstumsraten ausgewählter Roh- und Grundstoffe im Zeitraum 1983–2000 (R. Nötstaller 1988)

Allgemein wird angenommen, daß in der Zukunft beim Verbrauch fast aller Steine, Erden und Industrieminerale, entsprechend der Darstellung im Bild 2, mit z.T. beträchtlichen jährlichen Zuwachsraten zu rechnen ist.

In Tabelle 4 sind jene Steine, Erden und Industrieminerale angeführt, für die einerseits in Österreich, aber auch international, besonders gute Entwicklungschancen bestehen und für die anderseits gute Einsatzmöglichkeiten, vor allem im innovativen Bereich, vorhanden sind.

Rohstoff	**Derzeitige und mögliche Einsatzgebiete**
Zeolithe	Ionenaustauscher, Molekularsiebe, Wasser- und Gasadsorption, Speicherung von Solarenergie, Katalysatoren, Detergentien, Langzeitdünger
SiO_2-Rohstoffe (Quarz)	Lichtleitungsfasern, Solarzellen, Halbleitertechnik, Hochleistungskeramiken, Verbundwerkstoffe, Grundstoff für Kieselgel
Glimmer	Wärmeisolation, Gipsverbundplatten, Füllstoff für Papier, Kunststoffe, Gummi, Tapeten, Farben und Lacke, Bohrschlammadditive, Katalysatoren, Elektroden, korrosionsbeständige Beschichtungen
Talk	Füllstoff für Farben, Papier, Kunststoffe, Gummi, Kosmetika, Insektizide, Feuerfestprodukte
Tonminerale (Kaolinit, Illit)	Dichtungsmaterialien für Deponien, synthetische Zeolithe, Katalysatoren, höherwertige Düngemittel, Futtermittelzusätze, Konditionierung von Klärschlämmen, P-freie Waschmittel
Vermiculit	Pigmente, Düngestoffe, Medikamente, Pestizide
Mixed-layer-Minerale	Störstoffbinder, Pigmente, Waschmittel, Lebens- und Futtermittel, Gießpulver, Biozide, Baukeramik
Granat	Filtermaterial, Schleifmittel, Halbleiter, Kunststoffe

Tabelle 4: Steine, Erden und Industrieminerale für moderne Techniken und Produkte

Die Gruppe der ***Zeolithe (Porotektosilikate)*** stellen weltweit eine der intensivsten Bereiche der wissenschaftlichen und technischen Forschung dar. Jährlich erscheinen rd. 3.000 Publikationen, die sich mit den bisher bekannten etwa 40 natürlichen und rund 150 synthetischen Zeolithen befassen.

Zeolithe haben wichtige Aufgaben vor allem als Katalysatoren; eine steigende Bedeutung kommt ihnen in der Umwelttechnik zu.

Die wichtigsten Minerale dieser Gruppe, die eine steigende wirtschaftliche Bedeutung erlangt haben, sind bei den natürlichen Zeolithen Mordenit, Klinoptilolith, Erionit, Chabasit, Phillipsit sowie Ferrierit und bei den synthetischen die Zeolithe A, X, Y, L, Omega, Zeolon (Mordenit), ZSM-5, F und W.

Die Bedeutung der Zeolithe liegt in ihrem Vermögen:

1. eines reversiblen Ionenaustausches, das sie als Permutite befähigt, z.B. NH_4^+ und Metallionen, vor allem auch radioaktive Isotope (Cs_{137}, Sr_{90}), aus den Abwässern zu binden;
2. einer reversiblen Dehydration, weshalb sie auch für die Trocknung von Gasen oder zur Speicherung von Solarenergie eingesetzt werden, und
3. Moleküle reversibel zu adsorbieren (so z.B. CO, CO_2, H_2S, NO_x), also als Molekularsiebe zu fungieren. Wegen dieser Eigenschaft haben einige Zeolithe („Mn-Zeolith", Klinoptilolith, Chabasit, Phillipsit) andere Ionentauscher (z.B. Glaukonit) bei der Wasserklärung verdrängt.

Für die Darstellung synthetischer Zeolithe ist hauptsächlich das Si/Al-Verhältnis von Bedeutung. Ansonsten können zeolitharme Gesteine auf einfache Weise durch hydrothermal-chemische Behandlung veredelt, d.h. an Zeolith angereichert, werden. Zur Synthese können auch andere Gesteine, wie Tone, vulkanische Aschen, Tuffe, Ignimbrite, Gesteinsgläser, Perlit, Feldspat und/oder Feldspatvertreter führende Gesteine, aber auch Flugaschen, herangezogen werden.

In Österreich gibt es einige moderne Forschungs- und Entwicklungsstellen auf dem Zeolithsektor, wo bisher die Synthese einer Reihe von Zeolithen im Laboratorium gelungen ist. Leider gibt es noch keine zeolitherzeugende Industrie.

Der Bedarf an ***SiO_2-Rohstoffen (Quarz)*** ist schon seit Jahren steigend. Wegen der immer höher werdenden Ansprüche gewinnen zunehmend synthetische, meist hydrothermal gewonnene oder aus dem Schmelzfluß, auch aus der Plasmaschmelze, gezogene Produkte an Bedeutung.

Für die Zeitspanne von 1985 bis 2000 wird eine Verbrauchszunahme für reines Silizium von 50% erwartet. Derzeit bestehen allerdings Überkapazitäten bei der Produktion.

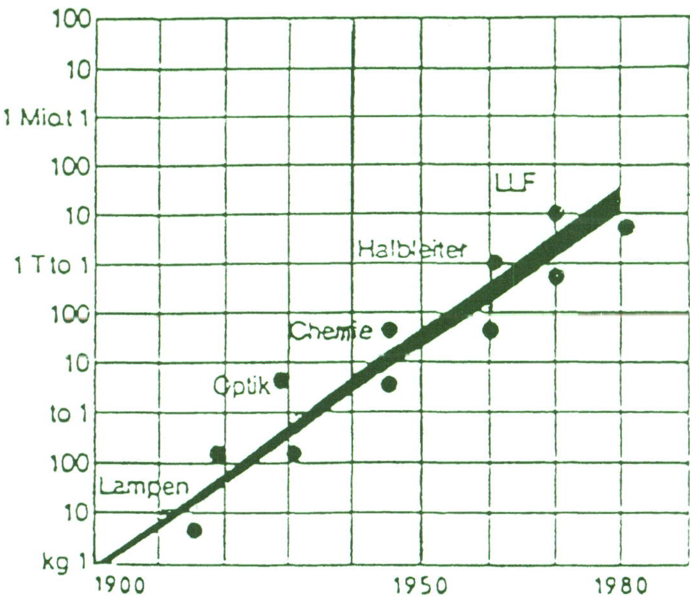

Bild 3: Bedarf an SiO_2-Vorstoffen (G. LINDEMANN 1989)

Die Wertsteigerungsraten bei der Verarbeitung von SiO_2 sind bedeutend; so ist bei der Quarzzucht eine 50- bis 300fache, vom Rohling bis zum Schwingungs-Quarzblättchen abermals eine 500- bis 1.500fache, bei den Lichtleitfasern, die zunehmend konventionelle Metalle in den Nachrichtenkabeln verdrängen, sogar eine 5.000- bis 6.000fache Wertsteigerung gegenüber dem Rohstoff gegeben.

Als Grundlage für die Quarzsynthese und die Faserproduktion kommen nur homogene, hochwertige Lagerstätten mit mehr als 98% SiO_2 in Frage, deren Lagerstättenreserven für eine Gewinnung von mindestens 15 Jahren reichen und die eine kostengünstige Aufbereitungs-Charakteristik aufweisen.

Beim ***Glimmer*** liegen die innovativen Möglichkeiten vor allem im Bereich feinkörniger Produkte, die entweder als Füllstoffe oder als Pigmente eingesetzt werden können.

Glimmermehle können als Grundstoffe für die Herstellung von Katalysatoren und Elektroden, für feuerfeste und korrosionsbeständige Beschichtungen und zum Ausschmieren von Gußformen verwendet werden. Bei den Glimmer-Füllstoffen steigt der Bedarf jährlich um etwa 6%. Glimmerplättchen, dünn mit TiO_2 oder anderen Metall- (z.B. Fe- und Cr-)Oxiden beschichtet, färben Tinten, Lacke, keramische Massen (Fliesen, Kacheln, Dachziegel) und Kunststoffe, auch mit irisierendem Perlmutter- oder Aluminium-Effekt.

Talk und Pyrophyllit haben vielseitige Verwendungsmöglichkeiten. Hier sei lediglich erwähnt, daß sich z.B. aus einem Gemisch von Talk und einem mineralischen Al-Träger die technisch wichtigen Grundstoffe Cordierit und Mullit synthetisieren lassen.

Aus dem ***Kornstein,*** einem Begleiter des Talkes in unseren Talklagerstätten vom Typus Rabenwald, ließen sich Verblender für wärmeisolierende Wände herstellen.

Tonminerale beinhalten eine Fülle innovatorischer Möglichkeiten. Aus Aktualitätsgründen wird nur auf die Bedeutung der Tone bei der ***Umwelttechnik*** bzw. dem Umweltschutz hingewiesen.

Verschiedene *Tonmehle* können allein oder in Gemischen, so z.B. mit Wasserglas oder Zementen, Sand und Wasser (als sog. Erdbetone), gute Dichtungs-Materialien abgeben und so zur Sanierung (Abdichtung) von Deponie-Altlasten herangezogen werden. Eine besondere Bedeutung kommt den *illitischen Rohstoffen* zu. Sie kommen vor allem als Ausgangsstoffe für Dichtungsmaterialien zur Deponie-Vorbereitung und -sanierung, aber auch für die Reinigung von Sicker-, Beiz- und sonstigen Abwässern in Frage. Das hohe Adsorptionsvermögen des Illits und anderer Tonmehle für Schwermetalle kann auch zur Konditionierung von Klärschlämmen und zur Bindung toxischer Elemente und Verbindungen, aber auch zur Bindung übelriechender organischer Materialien (z.B. in der Form von Gülleabsorbergranulaten oder Katzenstreu) genutzt werden. Weiters hat sich erwiesen, daß bei der Entsorgung radioaktiven Materials aus Illit und Kaolin hergestellte keramische Massen Auslaugungsraten (Eluatkonzentrationen) aufweisen, die jenen bester Borosilikatgläser ähnlich sind. Leicht synthetisierbare Phasen aus verschiedenen Tonen und Hydroglimmern besitzen eine große spezifische Oberfläche, weshalb sie auch zur chemischen Adsorption von Bunt- und Schwermetall (Cu, Pb, Zn, Co, Cd) –,

Phosphat-, Fluorid- und Arsenationen sowie von organischen Anionen verwendet werden.

Hochwertige *Papierfüllstoffe* (Glimmer, Talk, Kaolin, Calcit) erfreuen sich steigender Nachfrage. Durch eine zielstrebige und folgerichtige Forschung und Entwicklung auf diesem Sektor wird die nachhaltige Nutzung eines Marmorvorkommens in Kärnten ermöglicht. Die dort erzeugten Füllstoffe erfreuen sich einer regen Nachfrage weit über die Grenzen Österreichs hinaus.

Literatur-Auswahl

(1) AMPIAN, S. G.: Clays; Mineral Facts and Problems, Bureau of Mines, Bull. 675, 1985.

(2) BARTH-WIRSCHING, U., & HÖLLER, H.: Experimental studies on zeolite formation conditions; Eur. J. Mineral, 1, 1989.

(3) BENBOW, J.: Mica; Industrial Minerals, 245, 1988.

(4) BENBOW, J.: Industrial silica sand; Industrial Minerals, 262, 1989.

(5) BRISTOW, C. M.: World kaolins; Industrial Minerals, 238, 1987.

(6) BRODDA, B. G., & MERZ, E.: Zur Wirksamkeit von Tonmineralen als Rückhaltebarriere bei der Endlagerung radioaktiver Abfälle in Salzgesteinen; Z. dt. geol. Ges., 134, 1983.

(7) CIAMBELLI, P., CORBO, P., PORCELLI, C., & RIMOLI, A.: Ammonia removal from wastewater by natural zeolites. I. Ammonium ion exchange properties of an Italian phillipsite; Zeolites, 5, 1985.

(8) CLARKE, G.: Mica – a review of world developments; Industrial Minerals, 189, 1983.

(9) CLARKE, G.: Speciality refractory minerals; Industrial Minerals, 265, 1989.

(10) CLARKE, G., & WATSON, I.: Minerals for plastics – fitting a need; Industrial Minerals, 150, 1980.

(11) CLARKE, G. M.: Talc. Destiny in diversity; Industrial Minerals, 144, 1979.

(12) CLARKE, G. M.: Special clays; Industrial Minerals, 216, 1985.

(13) CLIFTON, R. A.: Talc and Pyrophyllite; Mineral Facts and Problems, Bureau of Mines, Bull. 675, 1985.

(14) COOPE, B. M.: Synthetic silicas & silicon chemicals; Industrial Minerals, 258, 1989.

(15) DAVIS, L. L.: Mica; Mineral Facts and Problems, Bureau of Mines, Bull. 675, 1985.

(16) DOSCH, W., & BERG, H.: Adsorption umweltrelevanter organischer Stoffe an modifizierten Tonmineralen; Ber. DMG 12, 1989.

(17) DRZAJ, S., HOCEVAR, J., & PEJOVNIK, S., eds: Zeolites. Synthesis, Structure, Technology and Application; Elsevier, Amsterdam 1985.

(18) GOTTARDI, G.: The genesis of zeolites; Eur. J. Mineral., 1, 1989.

(19) GRIFFITHS, J.: Zeolites cleaning up. From the laundry to Three Miles Island; Industrial Minerals, 232, 1987.

(20) HADITSCH, J. G.: Erze, feste Energierohstoffe, Industrieminerale, Steine und Erden; in: Grundlagen der Rohstoffversorgung, 2, 1979: Lagerstätten fester mineralischer Rohstoffe in Österreich und ihre Bedeutung, Wien.

(21) HADITSCH, J. G.: Nickelführende Ultramafitite Österreichs unter besonderer Berücksichtigung einer naßmetallurgischen Verwertung der Dunite und Peridotite von Kraubath; Schriftenreihe GDMB, 35, 1980.

(22) HADITSCH, J. G., PETERSEN-KRAUSS, D., & YAMAC, Y.: Beiträge für eine geologisch-lagerstättenkundliche Beurteilung hinsichtlich einer hydrometallurgischen Verwertung der Kraubather Ultramafititmasse; Mitt. Abt. Geol. Paläont. Bergb. Landesmus. Joanneum, 42, 1981.

(23) HÖLLER, H., WIRSCHING, U., & FAKHURI, M.: Experimente zur Zeolithbildung durch hydrothermale Umwandlung; Contr. Miner. Petrol; 1974.

(24) HUGHES, C. R., DAVEY, R. C., & CURTIS, C. D.: Chemical reactivity of some reservoir illites: Implications for petroleum production; Clay Minerals, 24, 1989.

(25) IBRAHIM, D. M.: Production of Calcium Sulphoaluminates from Acid Treated Clays, I: Effect of Acid Treatment on Clays; TIZ-Fachber., 105, 1981.

(26) JACKSON, M. L., & LIM, C. H.: The role of clay minerals in environmental sciences; Dev. Sedimentol., 34, 1982.

(27) JONES, G. K.: Chemical treatment methods; Industrial Minerals, 54, 1972.

(28) JUNG, W., SCHULZ, H., & BEYER, W.: Quarz-Rohstoffe; Z. angew. Geol., 34, 9, 1988.

(29) KRAETSCH, D., JUNG, W., & SCHOMBURG, J.: Smektitreiche Tonmineralrohstoffe (STR) – Nutzungs- und Veredelungsmöglichkeiten; Z. angew. Geol., 34, 1, 1988.

(30) KRAUSE, H. J.: Ceramic Pigments. – Process Mineralogy of Ceramic Materials, 1984.

(31) LINDEMANN, G.: Zur Zukunft einiger ausgewählter mineralischer Rohstoffe in der Hochtechnologie; Erzmetall, 42, 1989.

(32) LUNDIE, P.: Standardisation of minerals for drilling fluids; Industrial Minerals, 222, 1986.

(33) MURPHY, G. F., & BROWN, R. E.: Silicon; Mineral Facts and Problems, Bureau of Mines, Bull. 675, 1985.

(34) N. N.: Pigments & Extenders – fitting a colorful market; Industrial Minerals, 206, 1984.

(35) NÖTSTALLER, R.: Bedeutung und Perspektiven des Bergbaus auf Industrieminerale; Bergbau im Wandel, 1988.

(36) OLSON, D., & BISIO, A., eds: Sixth International Zeolite Conference, Proceedings; Butterworth, 1984.

(37) POND, W. G., & MUMPTON, F. A., eds.: Zeo-Agriculture; Westview Press, Boulder, Colorado, 1984.

(38) REES, L. V. C., ed.: Fifth International Conference on Zeolites; Proceedings; Heyden, London, 1980.

(39) RIEGLER, G. (o. J.): Verwendung von Tonmehl zur Klärschlammnachbehandlung und Deponieabdichtung; Typoskript, 10 p., o. J.

(40) SAND, L. B., & MUMPTON, F. A., eds.: Natural Zeolites. Occurence, Properties, Use; Pergamon Press, Oxford, 1978.

(41) STEFFEN, H.: Abdichtung von Stauanlagen mit natürlichen und künstlichen Dichtungsmaterialien; Wasserwirtschaft, 70, 1980.

(42) TOON, S.: Minerals for paint; Industrial Minerals, 219, 1985.

(43) TOON, S.: Coloured Pigments; Industrial Minerals, 229, 1986.

(44) Townsend, R. P., ed.: The Properties and Applications of Zeolites; Chem. Soc. Spec. Publ., 33, 1980:

- Aiello, R., Colella, C., & Nastro, A.: Natural Chabazite for Iron and Manganese Removal from Water.
- Breck, D. W.: Potential Uses of National and Synthetic Zeolites in Industry.
- Kiovsky, J. R., Koradia, P. B., & Lim, C. T.: Evaluation of a New Zeolitic Catalyst for Selective Catalytic Reduction of NO_x from Stationary Sources.
- Kokotailo, G. T., & Meier, W. M.: Pentasil Family of High Silica Crystalline Materials.
- Roberts, C. W.: Molecular Sieves for Industrial Separation and Adsorption Applications.
- Schwuger, M. J., & Smolka, H. G.: Sodium Aluminium Silicates in the WashingProcess. Part VII: Counterion Effects.
- Vaughan, D. E. W.: Industrial Uses of Zeolite Catalysts.

(45) Wada, K.: Amorphous clay minerals – Chemical composition, crystalline state, synthesis and surface properties; Dev. Sedimentol., 34, 1982.

(46) Wirsching, U.: Experimente zum Einfluß des Gesteinsglas-Chemismus auf die Zeolithbildung durch hydrothermale Umwandlung; Contr. Miner. Petrol., 1975.

(47) Wirsching, U.: Experiments on hydrothermal alteration processes of rhyolitic glass in closed and "open" system; N. Jb Mineral., Mh., 5, 1976.

(48) Wirsching, U.: Experiments on the hydrothermal formation of calcium zeolites; Clay and Clay Minerals, 29, 1981.

3.1.4. Werkstoffe für elektronische und optoelektronische Bauelemente

Von G. Bauer und H. Krenn

Kurzfassung von G. Sterk

Die Entwicklung und der Markt mit *elektronischen Funktionswerkstoffen* befindet sich in einer raschen Fort- und Aufwärtsentwicklung.

Der Wert der 1986 in der westlichen Welt (USA, Japan, EG) erzeugten Werkstoffe für die Elektronik wird mit rd. 14 Mrd. ECU angegeben*, das entspricht rd. 205 Mrd. öS. Das durchschnittliche jährliche Wachstum dieses Marktes wird für die Zeit 1986 bis 1998 mit 12% angenommen. Damit stehen die Materialien für die Elektronik an zweiter Stelle der Wachstumserwartungen aller „Fortgeschrittenen Materialien", hinter den strukturellen Keramiken mit 13,9%. Demgegenüber wird die durchschnittliche Wachstumsrate aller „Fortgeschrittenen Materialien" mit 6,4% angenommen.

Japan und USA sind die Hauptverbraucher der elektronischen Funktionswerkstoffe, mit einer nach wie vor steigenden Tendenz.

Zu den **elektronischen Funktionswerkstoffen** zählen einerseits *Elementhalbleiter,* insbesondere Silizium, Germanium usw. und anderseits *Verbindungshalbleiter* wie GaAs, InP, InAs, GaAlAs (III–V), CdTe, CdS, HgCdTe (II–VI), zu deren Synthese metallische und nichtmetallische Elemente wie Gallium, Indium, Arsen, Cadmium und Tellur verwendet werden.

Alle elektronischen Funktionswerkstoffe erfordern hohe Reinheitsgrade, wie z.B. Electronic-Grade Silizium von 5 N bis 9 N (99,999% bis 99,9999999%). Daher kommt den einschlägigen Raffinationsverfahren eine große Bedeutung zu.

Der Halbleiter-Markt wird nach wie vor von Silizium dominiert mit einem Bedarf von etwa 5.000 t electronic-grade Silizium pro Jahr, zu dem noch solar-grade Silizium kommt. Silizium ist im Bereich der Standard-Elektronik (Konsum, Verkehr, Datenverarbeitung) nach wie vor unbestrittener Spitzenreiter, obgleich sich mit Verbindungshalbleitern, besonders im Bereich der Optoelektronik und Solartechnik, neue Wege öffnen. Alle anderen Grundstoffe werden in viel geringeren Mengen (etwa 120 t Germanium/Jahr, 25 t Gallium, Arsen und Iridium pro Jahr), jedoch mit hohen Steigerungsraten benötigt.

---

*) Siehe Tabelle 1 auf Seite 14.

In einer Studie aus 1989 des japanischen MITI (Ministry for International Trade and Industry) werden die Metalle Gallium und Indium als Schlüsselmetalle für diese Hochtechnologie bezeichnet. Um die Abhängigkeit Japans vom Import der Rohmaterialien zu verringern (Lieferland insbesondere China), wurde vom MITI ein eigenes Recycling-Programm für Gallium und Indium initiiert.

In der Tabelle 5 sind die wichtigsten Roh- bzw. Grundstoffe für elektronische Funktionswerkstoffe und ihre bedeutendsten Verwendungen angeführt.

Element/Grundstoff	**Verwendung**
Silizium, kristallin	Waferproduktion (Halbleiterindustrie)
Silizium, polykristallin	Solartechnik (Solarzellen)
Galliumarsenid (GaAs)	Lichtemittierende Dioden, Halbleiterlaser, integrierte Schaltungen, Bauelemente für Optoelektronik und Mikrowellentechnik
Gallium, Arsen, Indium	Halbleiterindustrie
Germanium	Optoelektronik (Infrarot-Optik und -Sensorik), Katalysatoren zur Polyesterherstellung
Künstliche Mischkristall-Halbleiter aus Al, Ga, In, P und As	Optoelektronik, Laser, LED, Detektoren
Schwermetallfluoride	Glasfasern im mittleren IR-Bereich
Diamant-Dünnfilm, Berylliumoxid, Aluminiumoxid, Aluminiumnitrid	Substratmaterialien, Vergütung von Werkzeugen

Tabelle 5: Die wichtigsten Roh- und Grundstoffe für elektronische Funktionswerkstoffe und ihre bedeutendsten Verwendungen

Silizium ist derzeit der bedeutendste Roh- bzw. Grundstoff sowohl für elektronische Bauelemente (electronic-grade Silizium, kristallines Silizium) als auch in der Optoelektronik (polykristallines Silizium). Bei den Halbleitermaterialien kommt dem *kristallinen Silizium* mit einem Anteil von rd. 90% an allen verwendeten Materialien eine Schlüsselrolle zu. Weltweit beträgt der Verbrauch an kristallinem Silizium als Funktionswerkstoff in der Halbleiterindustrie (Waferproduktion) etwa 5.000 t (1988). An die dazu verwendeten Rohstoffe werden allerdings, wie bereits ausgeführt, sehr hohe Qualitätsanforderungen gestellt (5–9 N).

Polykristallines Silizium wird vor allem in der Solartechnik zur Erzeugung von Solarzellen verwendet. Der Verbrauch an polykristallinem Silizium belief sich 1989 weltweit auf 10.800 t. Silizium ist ein gutes Beispiel dafür, wie die Umwandlung eines Primärrohstoffes zu einem Hochleistungs-Funktionswerkstoff der Elektronik immer größere Marktanteile erobert, bei vernachlässigbaren Tonnagen, die im Subprozentbereich des insgesamt gewonnenen Rohmaterials liegen.

Galliumarsenid (GaAs) hat als Verbindungshalbleiter einige wesentliche Vorteile gegenüber Silizium: schnellere elektronische Bauelemente, größerer Störspannungsabstand, höhere thermische Belastbarkeit, direkte Wechselwirkung mit Photonen. Letzteres bedingt die Anwendung in der Optoelektronik als Lichtemitter (lichtemittierende Dioden, Halbleiterlaser). Als Nachteil sind die höheren Kosten anzuführen. Ein bedeutender Wachstumsbereich liegt in der Verwendung von GaAs in Satelliten-Empfangsantennen. Im Jahre 1988 wurden lediglich rd. 5 t Gallium für die GaAs-Waferproduktion verbraucht.

Der prognostizierte hohe Verbrauchszuwachs an Gallium und Arsen für die GaAs-Elektronik, der schon seit längerem zu einem Engpaß bei Gallium führen sollte, ist bisher nicht eingetreten und ist in absehbarer Zukunft auch nicht zu erwarten.

Der Weltbedarf an ***Gallium*** für elektronische und optoelektronische Bauelemente lag 1988 bei rd. 25 t, der Gallium-Elektronik-Markt erreichte dabei aber nur einen Wert von 2 Mrd. US-$. Rund 90% des Galliums fällt als Nebenprodukt bei der Aluminiumgewinnung an, die restlichen 10% bei der Zinkverhüttung. Bemerkenswert ist, daß die Recyclingfähigkeit von Gallium mit bis zu 60% angegeben wird.

Derzeit finden weniger als 1% des Weltverbrauches an ***Arsen*** im Ausmaß von 25.000 t für Halbleiterzwecke Verwendung. Allerdings werden auch hier hohe Reinheitsgrade gefordert. Selbst bei steigendem Bedarf an As bei der Halbleitererzeugung ist ein Engpaß bei der Versorgung nicht zu erwarten.

Indium ist ein bedeutender Rohstoff in der Halbleiterindustrie und bei optoelektronischen Bauelementen. Der Weltbedarf an diesem Metall lag 1987 mit etwas weniger als 120 t erheblich über demjenigen von Gallium.

Germanium wird vornehmlich in der Optoelektronik zur Herstellung von optischen Fasern, IR-Bildwandlern und Kernstrahlungs-Detektoren sowie als Katalysator bei der Polyester-Herstellung verwendet. Neuerdings werden Technologien entwickelt, Germanium auch als Legierungselement bei der Herstellung elektronischer Bauelemente (Si/SiGe) zur Erhöhung der Schaltgeschwindigkeit einzusetzen (Ultrahochvakuum-CVD-Verfahren). Bei einem Weltbedarf von 120 t im Jahre 1987 entfielen rd. 55 t auf IR-Bildwandler für militärische Zwecke und nur 25 t auf optische Fasern.

Phosphor findet ebenfalls in der Optoelektronik, und zwar in Verbindungen für Emitter- und Detektormaterialien, Verwendung. Bei Phosphor besteht kein Ressourcenproblem, sondern allein eines der Reinigung.

Eine große Bedeutung kommt den ***alternativen Materialien in der Optoelektronik*** (Photovoltaik und Photonik) zu. Die *Photovoltaik* behandelt die möglichst effiziente Umwandlung von sichtbarer bzw. infraroter Strahlung durch unterschiedlich dotierte Halbleiterstrukturen (pn-, pin-Strukturen), wobei neben der Ladungsträgererzeugung auch die Ladungsträgertrennung nach ihrem Vorzeichen (Elektronen und Defektelektronen) eine wesentliche Design-Grundlage darstellt. Die *Photonik* umfaßt die Erzeugung kohärenter Strahlung durch Halbleiterlaser, deren Übertragung über Lichtleiterfasern (Glasfasern), deren Auffrischung durch Repeater und schließlich deren Empfang durch geeignete (empfindliche und schnelle) Detektoren.

Datenraten von 1 bis 10 Giga-Bits erfordern Trägerfrequenzen im Infrarot-(Tara-Hertz)-Bereich, sehr schnell modulierbare Halbleiter-Emitter, disperions- und nahezu dämpfungsfreie Glasfasern sowie empfindliche Detektoren.

Die Materialien, die zur Erzeugung, Modulation, Fortleitung und Detektion dieser hochfrequenten Strahlung geeignet sein müssen, kommen in der Natur nicht vor, sondern sind künstliche Mischkristalle aus drei oder vier Konstituenden der III. und V. Gruppe des Periodensystems.

Ein weiterer Trend in der Entwicklung wird die Züchtung von *optisch nicht linearen bzw. bistabilen Materialien* sein, die mit geringeren Lichtintensitäten als bisher zwischen zwei metastabilen Zuständen (z.B. größerer und kleinerer Transmission) umgeschaltet werden können. Bistabile Materialien können Anwendung in *optischen Computern* finden.

Die Photonik spielt im Telekommunikationsbereich eine zunehmend wichtigere Rolle. Optische Übertragungsleitungen sind billiger, mechanisch robuster und übersprechsicherer als herkömmliche Datenübertragungsleitungen.

Für die Transmissionsminima der Absorption in Glasfasern kommt als Lichtquelle InGaAsP im Bereich zwischen 1,3 und 1,55 µm und als Empfängermaterial $In_{0,53}Ga_{0,47}As$ bis zu 1,7 µm in Frage. Für die Optoelektronik ist mit diesen quaternären und ternären Verbindungen als Substratmaterial InP erforderlich. Hinsichtlich der benötigten Ressourcen ergibt sich daher folgende Übersicht:

– Faser	Si
– Laser, LED	Al, Ga, In, P, As
– Detektor	In, Ga, As

In absehbarer Zeit ist zu erwarten, daß optoelektronische IC's (OEIC's) eine zunehmende Rolle spielen werden. Für derartige Systeme müssen Lichtwellenleiter realisiert werden. Wegen der bereits ausgefeilten Si-Technologie bieten sich Si-Wellenleiter, die durch Strukturierung auf Si-Wafern hergestellt werden, an, aber auch anorganische Verbindungen wie Si_3N_4, Si-O-N, Ta_2O_5, ZnO, Nb_2N_5 usw.

Beträchtliche Arbeit wird in die Realisierung von längerwelligen Lasern gesteckt, für die dann auch geeignete Glasfasern gesucht werden müssen. Als Lasermaterialien werden sowohl III–V(InAs-Basis)- als auch II–VI(HgCdTe)- und IV–VI-Materialien (PbEuSe-S, PbSrS usw.) getestet. Als Glasfasern im mittleren IR-Bereich eignen sich sowohl Schwermetallfluoride wie BaF_2, ZrF_2, HfF usw. als auch Chalcogenid-Fasern.

Von nicht zu unterschätzender Bedeutung sind auch die ***Substrat-Verpakkungs- und Passivierungsmaterialien.*** Sie tragen nicht nur wesentlich zur Funktionstüchtigkeit der Halbleitermaterialien bei, sie beeinflussen auch maßgebend die Wirtschaftlichkeit der Herstellung von Bauelementen.

In der monolithischen Schaltungsintegration ist das elektronisch *aktive* Medium im wesentlichen nur die Oberfläche (Dicke: 2–3 µm) des Trägermaterials. Die Bauelemente existieren nicht mehr in diskreter Form, sondern sind Teil des Substrats und direkt aus ihm entstanden. Bei der Schichtschaltungstechnik (Hybrid-Technologie) werden Leiterbahnen in Siebdruck- oder Aufdampftechnik und *chip Carrier* durch geeignete Löt- und Klebeverbindungen auf das Substrat aufgebracht.

Die Entwicklung geht auch in Richtung von *Sandwich*-Substraten mit abwechselnd elektronisch aktiven und isolierenden Schichten, um die Integration vom Zweidimensionalen in die dritte Dimension zu erweitern. Bei den Substratmaterialien spielen als Funktionswerkstoffe Keramik, Plastik und in Zukunft auch Diamant eine wichtige Rolle. Seit Beherrschung des Niederdruck-Methan-Prozesses zum Niederschlagen von kristallinen Diamantfilmen auf Trägermaterialien wie Silizium, zeigt sich eine deutliche Zunahme des Diamantbedarfs in der Halbleitertechnologie.

Andere Substratmaterialien wie Berylliumoxid, Aluminiumoxid und Aluminium-Nitrid scheinen in Zukunft eine breitere Verwendung zu finden. Vor allem weist Aluminium-Nitrid einen dem Silizium vergleichbaren thermischen Ausdehnungskoeffizienten bei relativ hoher thermischer Leitfähigkeit (200 W/mK) auf, der zu kleineren mechanischen Spannungen beim Abkühlen von den üblicherweise hohen Prozeßtemperaturen führt.

Die Untersuchung der elektronischen Eigenschaften von atomar *scharfen* Heteroübergängen zwischen verschiedenen Materialien ist heute Gegenstand einer intensiven Grundlagenforschung und verspricht die Entwicklung neuartiger, schnellerer elektronischer Bauelemente sowie die Möglichkeit der gemeinsamen Integration von konventioneller VLSI-Elektronik und Optoelektronik auf ein und demselben Trägersubstrat.

Bei der Verkapselung elektronischer Schaltungen spielen derzeit Plastik- und Keramikmaterialien sowie Metallgehäuse die wichtigste Rolle. Insbesondere Keramiken werden als Substrat- und Verpackungsmaterial für hochqualifizierte Bauelemente an Bedeutung gewinnen.

Zu den trendbestimmenden neuen ***Technologien in der Mikroelektronik*** gehören neue Abscheideverfahren aus der Gas- oder Flüssigphase (Vapor Phase Deposition: CVD, PECVD, MOCVD, Liquid Phase Epitaxy) und neuartige Epitaxieverfahren im Ultrahochvakuum (Molekularstrahlepitaxie).

Eine der wichtigsten Methoden zur kontrollierten Erzeugung sehr scharf definierter Kristallstrukturen ist die *Epitaxie*, das gerichtete und gezielte Aufwachsen eines Kristalls auf einer meist einkristallinen Unterlage. Besonders wichtig werden in absehbarer Zukunft die Hetero-Epitaxie-Verfahren sein, bei denen zwei unterschiedliche Stoffsysteme aufeinander wachsen. Um Interdiffusionen atomar dünner Schichten zu vermeiden, müssen Epitaxieverfahren bei tieferen Temperaturen entwickelt werden (Molekularstrahlepitaxie).

Im Hinblick auf die große Bedeutung der Mikro- und Optoelektronik für die Wirtschaft wurden ***neue Marktstrategien in Europa*** entwickelt. An dem Programm sowohl für die Bauelemente- als auch für die Subassembly-Industrie *„European Mass Manufactoring Applikation“* (EMMA) beteiligen sich europaweit Firmen wie Thomson/SGS, Philips, AEG, Alcatel und GEC.

Literatur-Auswahl

(1) Abschlußbericht des Arbeitskreises „Mikrostrukturen" des Bundesministeriums für Wissenschaft und Forschung, Wien 1990.

(2) Appropriate Technology – Problems and Promises, edt. by JEQUIER, N., Development Center of the Organisations for Economic Cooperation and Development, Paris 1976.

(3) Bericht der H.-Queisser-Kommission des Bundesministeriums für Forschung und Technologie, BRD 1989.

(4) JEQUIER, N., and BLANC, G.: World Appropriate Technology – A Quantitative Analysis, Developement Center of the Organisations for Economic Cooperation and Developement, Paris 1983.

(5) MEYERSON, B. S.: Superschnelle Transistoren aus Silicium-Germanium; Spektrum der Wissenschaft, 5/1994.

(6) OECD-Science and Technology Indicators, Research Devoted to R&D, Organisations for Economic Cooperation and Development, Paris 1984.

(7) Semiconductor International, Jhrg. 1987, 1988.

(8) Solid State Technology, vol. 30 (1987), vol. 31 (1988).

(9) WEBER, L. und PLESCHIUTSCHNIG, J.: Weltbergbaudaten, Reihe A, Heft 3, 1988, Bundesministerium für wirtschaftliche Angelegenheiten, Wien.

3.1.5. Werkstoffe mit besonderen magnetischen Eigenschaften

Von R. Grössinger

Kurzfassung von G. Sterk

Die Entwicklung moderner, leistungsstarker Magnete für technische Anwendungen ist ausschlaggebend von den dafür verwendeten Grund- bzw. Werkstoffen und den Herstellungsverfahren abhängig. Der Kenntnisstand und der Anwendungsbereich derartiger Werkstoffe befinden sich in rascher Fortentwicklung.

So konnten entscheidende Durchbrüche für technische Anwendungen, insbesondere bei magnetostriktiven Werkstoffen (magnetische Materialien, die bei Anlegen eines externen Magnetfeldes ihre mechanischen Abmessungen – Länge, Volumen – ändern), erst durch die Verwendung Seltener Erden, zumeist in Verbindung mit Fe, erzielt werden, während vorher vor allem reines Ni verwendet wurde.

In Tabelle 6 sind den magnetischen Werkstoffen die entsprechenden Materialien und die bedeutendsten Verwendungsbereiche gegenübergestellt.

Magnetische Werkstoffe	**Materialien**	**Verwendung**
Hartmagnetische Materialien	Bariumferrit, AlNiCo, Sm-Co, Nd-Fe-N	Permanentmagnete, Sensoren, Robotik, Servomotoren, Tomographie
Halbharte magnetische Materialien	Bariumferrit, Gd, Tb-Fe, Co-Legierungen	Magnetische Speichermedien (floppy disc)
Weichmagnetische Materialien	Fe-Ni, Fe-Si, amorphes (Fe, Co) mit B und Si	Trafos, Energieeinsparung, Sensoren, Robotik
Magnetostriktive Materialien	Fe-B, (Tb, Dy)-Fe	Aktuatoren, Sensoren, Ultraschallerzeugung, Verzögerungsleitungen

Tabelle 6: Magnetische Werkstoffe und die wichtigsten Materialien zu ihrer Herstellung sowie die bedeutendsten Verwendungen magnetischer Werkstoffe

Die Herstellung von Magnetwerkstoffen erfolgt im allgemeinen durch Mischen der pulverförmig vorliegenden Ausgangsstoffe bzw. Elemente, dem Verpressen der Mischung mit einem Bindemittel und dem anschließenden Sintern.

Hartmetallische Werkstoffe (Permanentmagnete)

Permanentmagnete behalten ihren Magnetisierungszustand nach dem Aufmagnetisieren bei. Am verbreitetsten sind Ferrite und AlNiCo-Magnete.

Ferrite
Ferrite sind die preisgünstigen Permanentmagnete, die den überwiegenden Teil des Marktes decken.
Strontiumferrite haben ein höheres Energieprodukt (bis etwa 32 kJ/m^3). Alle Ferrite haben den Nachteil, daß sie keramischer Natur sind und daher kaum mehr bearbeitet werden können. Sie haben aber den Vorteil einer hohen chemischen Stabilität, sodaß es kaum Korrosionsprobleme gibt.

AlNiCo-Magnete
Die AlNiCo-Magnete haben den Vorteil einer wesentlich höheren Magnetisierung und Korrosionsbeständigkeit sowie einer hohen Einsatztemperatur (500° C), bei der sie verwendet werden können. Nachteilig ist ihr relativ geringer Energieinhalt von nur max 80 kJ/m^3 sowie ihr geringes Koerzitivfeld. Sie sind daher für Miniaturisierungen nicht geeignet.
Ferrite und AlNiCo-Magnete decken rd. 90% des Marktes auf diesem Gebiet ab.
Die neuen und technisch interessanten Magnetwerkstoffe auf Basis *Seltene Erden – 3d-Metalle* weisen zwar um Größenordnungen bessere Kenndaten auf, sie sind aber auch entsprechend teurer.

Sm-Co-Magnete
Mit den Sm-Co-Magneten wurden erstmals Magnetwerkstoffe entwickelt, deren Koerzitivfeld größer als 10 kOe (ca. 800 kA/m) ist. Die zulässige Einsatztemperatur liegt bei 250° C. Von Nachteil ist, daß diese Werkstoffe sehr korrosionsempfindlich sind. Dies gilt für $SmCo_5$ mehr als für die ausscheidungsgehärteten Sm_2Co_{17}-Materialien. Derartige Magnetwerkstoffe wurden bisher wegen der relativ hohen Rohstoffpreise, vor allem für Sm, für großtechnische Anwendungen kaum herangezogen.

Permanentmagnete auf Basis Nd-Fe-B
Die besten Permanentmagnete beruhen auf Verbindungen aus einem *3d-Metall mit einer Seltenen Erde,* wie $SmCo_5$, Sm_2 (Fe, Co, Cu, Zr)$_{17}$, $Nd_2Fe_{14}B$ usw.
Günstiger sind Permanentmagnete auf Basis Nd-Fe-B, wie z.B. $Nd_2Fe_{14}B$. Man versucht nun die thermischen Eigenschaften, insbesondere mittels Substitution durch Dy oder Tb, aber auch durch Al und Ga zu verbessern.
Eine hohe magnetische Anisotropie bei den magnetischen Werkstoffen wurde erst durch den ***Einbau Seltener Erden*** erreicht. Vor allem kommen die leichteren Seltenen Erden, wie Ce, Pr, Nd und Sm, in Frage, da bei diesen das magnetische Moment parallel mit dem des Fe bzw. Co koppelt.
In allen derartigen Magnetwerkstoffen dienen die 3d-Metalle (Fe, Co) der Erreichung einer hohen Ordnungstemperatur. Infolge der relativ hohen Remanenz und

des hohen Koerzitivfeldes (lineare B-H-Kurve im 2. Quadranten), eignen sie sich besonders für Miniaturisierungen, sind aber auch sehr korrosionsanfällig.
Für **neue Entwicklungen** bei Permanentmagneten scheinen Verbindungen wie Seltene Erden–Fe-Ti und Zr-($ThMn_{12}$) aber auch Selten Erden–Fe-C oder auch mit N, insbesondere $Sm_2Fe_{17}N_x$, erfolgversprechend zu sein.

Halbharte magnetische Werkstoffe

Darunter versteht man magnetische Werkstoffe, deren Koerzitivfeld maximal 3 kOe (300 kA/m) ist, deren Magnetisierung möglichst hoch ist und die um Raumtemperatur leicht einstellbare magnetische bzw. magnetooptische Eigenschaften aufweisen.

Die Anwendung liegt im Bereich der **magnetischen Speichermedien** (Floppy discs, Winchesters). Da die erreichbare Datendichte für die Computerindustrie von großer Bedeutung ist, handelt es sich hier um einen Markt von hochgesteckten Erwartungen. Für das Jahr 2000 erwartet man 3,5"-Discs mit 10 Gbits. Dies würde eine Erhöhung des derzeitigen Standards um einen Faktor 24 (!) bedeuten. Prototypen magneto-optischer Discs gibt es bereits.

Als Grundstoffe hiefür kommen Bariumferrit in Frage, aber noch mehr Hoffnung ruht auf den Gd, Tb-Fe, Co-Legierungen.

Weichmagnetische Werkstoffe

Weichmagnetische Werkstoffe haben geringe Ummagnetisierungsverluste, was für eine Verwendung in Wechselfeldern, z.B. bei Transformatorenblechen von Bedeutung ist. Zu diesen zählen:

Mumetall, eine Fe-Ni-Legierung, wird als magnetisches Abschirmmaterial verwendet. Nachteilig ist, daß dieses Material seine weichmagnetischen Eigenschaften verliert, wenn es mechanisch bearbeitet wird. Dann ist eine komplizierte Wärmebehandlung erforderlich.

Al-Si-Bleche werden als Transformatorenbleche verwendet, sind jedoch für höhere Frequenzen infolge der Wirbelstromverluste nicht geeignet.

Als künftig interessante weichmagnetische Werkstoffe sind hervorzuheben:

Amorphe Werkstoffe wie z.B. $Fe_{80}B_{20}$, $Co_{80}B_{20}$ und $(Fe, Co)_{80}$ $(B, Si)_{20}$. Sie haben geringere Verluste und eignen sich auch für höhere Frequenzen. Bei den amorphen Materialien können infolge der Vielzahl der möglichen Zusammensetzungen die magnetischen Eigenschaften stark variiert werden. Dennoch lassen sich drei Substanzklassen unterscheiden:

- $Fe_{80}B_{20}$: mit hoher Sättigungsinduktion (Bs~1,3 T) und großer positiver Magnetostriktion,
- $Co_{80}B_{20}$: mit mittlerer Sättigungsinduktion (Bs~0,8 T) und negativer mittlerer Magnetostriktion,
- Gemischte Systeme: mit hoher Permeabilität, aber verschwindend kleiner Magnetostriktion.

Ein wesentlicher Vorteil der amorphen Systeme ist, daß diese lückenlos mischbar sind, wodurch gezielt Magnetwerkstoffe entwickelt werden können.

Mikrokristalline Fe-Si-Werkstoffe (Sendai-Legierungen), die ebenfalls für hohe Frequenzen geeignet sind.

Nanokristallines „Finement" ist ein neues Material, eine Eisen-Metalloid-Legierung. Das entsprechende mikrokristalline Gefüge wird durch Beigabe von Cu und Nb erreicht, die Sättigungsinduktion kann bis zu 1,7 T erreichen.

Bei weichmagnetischen Werkstoffen bemüht man sich, ***neue Substanzen*** zu finden, die bessere Eigenschaften als das derzeit verwendete Fe-Si haben. Zielrichtung ist vor allem eine Anwendung bei höheren Frequenzen, da der Wirkungsgrad eines Transformators bei höheren Frequenzen besser ist. Moderne Schaltnetzteile von Computersystemen arbeiten bei höheren Frequenzen, um Gewicht und Energie zu sparen.

Magnetostriktive Werkstoffe

Das sind magnetische Materialien, die beim Anlegen eines externen Magnetfeldes ihre mechanischen Abmessungen ändern (Länge, Volumen). Für technische Anwendungen soll diese Änderung möglichst groß sein.

Weichmagnetische amorphe Materialien auf ***Basis*** $Fe_{80}B_{20}$ eignen sich gut für magnetostriktive Sensoren. Auch für magnetostriktive Ultraschwinger wäre diese Legierungsgruppe infolge ihres hohen magnetoelastischen Kopplungsfaktors denkbar.

Die hohe Magnetostriktion von Werkstoffen auf Basis *(Tb, Dy)*Fe_2 eröffnet völlig neue Möglichkeiten zum Entwurf von Sensoren bzw. Aktuatoren mit hoher Reaktionsgeschwindigkeit und großer Stellkraft. Die Anwendungen reichen von aktiven Schwingungsdämpfern über Ventilantriebe bis zu neuartigen Linearmotoren.

Rohstoffe für magnetische Werkstoffe

Für magnetische Werkstoffe sind vor allem die Metalle **Eisen** und **Kobalt** nach wie vor von entscheidender Bedeutung.

Als Veredlungskomponenten werden insbesondere **Nb, Cu, V, Ti, Si** und **B** verwendet.

Eine besondere Bedeutung kommt den **Seltenen Erden,** wie **Samarium, Neodymium, Praseodymium, Terbium und Dysprosium** zu.

Herstellungstechnologien

Neben der Zusammensetzung kommt bei magnetischen Werkstoffen den Herstellungstechnologien eine entscheidende Bedeutung zu. So hat sich die neue Technologie zur Herstellung bestimmter magnetischer Werkstoffe *„rapidly quenchig"* sehr gut bewährt, mit der z.B. in einem Arbeitsgang von der Schmelze her dünne magnetische Folien energiesparsam hergestellt werden können. Bei der in Österreich entwickelten *„Melt-spinning"*-Technik wird die Metallschmelze auf ein rotierendes Kupferrad gespritzt und auf diese Weise ein, entweder mikrokristalliner oder amorpher, glasartiger Zustand der Atome eingefroren. Man kann somit die Eigenschaften des Materials durch die Wahl der Abschreckbedingungen weitgehend beeinflussen. Die so entstehenden Proben können entweder lange dünne Folien sein oder auch kleine Splitter, die dann auch pulvermetallurgisch weiterverarbeitet werden können.

Im Hinblick auf die in Österreich vorhandenen einschlägigen Möglichkeiten der Forschung und Entwicklung und die bereits erzielten Erfolge erscheint es angebracht, sowohl die Suche nach und die Entwicklung von neuen magnetischen Werkstoffen als auch die Entwicklung neuer Herstellungstechnologien stärker voranzutreiben.

Literatur-Auswahl

(1) Boll, R.: Weichmagnetische Werkstoffe; Herausgeber: Vakuumschmelze GmbH, 4. Auflage 1990.

(2) Croat, J. J., Herbst, J. F., Lee, R. W., & Pinkerton, F. E.: Pr-Fe and Nd-Fe based materials: A new class of high performance permanent magnets; J. Appl. Phys. 55, 1984.

(3) De Mooij, B., & Buschow, K. H. J.: A new class of ferromagnetic Materials $RFe_{10}V_2$; Philips J. Res. 42, 1987.

(4) Herzer, G.: Proc. Int. Conf. Soft Magn. Mat. 7: Wolfson Centre for Magn. Technol. Cardiff 1986.

(5) Proc of 12th Int. Workshop on rare-earth-magnets and their application, Canberra, Australia, 1992.

(6) Richardson, M. W., Falander, M., & Feredyn, A. B.: New materials for the rapid conversion of electric energy to mechanical motion; Proc. of ERA Conf., Chapt. 2, London 1989.

(7) Sagawa, M., Fujimura, S., Togawa, M., Yamamoto, H., & Matsuura, Y.: New materials for permanent magnets on a base of Nd and Fe; J. Appl. Phys. 55, 1984.

(8) Vazquez, M., Fernengel, W., & Kronmüller, H.: The Effect of Tensile Stresses on the Magnetic Properties of $Co_{58}Fe_5Ni_{10}Si_{11}B_{16}$ Amorphous Alloys; Phys. stat. sol. (a) 80, 1983.

(9) Yoshitsawa, Y., Oguma, S., & Yamauchi, X.: New Fe-based soft magnetic alloys composed of ultrafine grain structure; J. Appl. Phys. 64, 1988.

3.2. Beurteilung der Verfügbarkeit von Lagerstätten bzw. Vorkommen mineralischer Rohstoffe in Österreich im Hinblick auf neue Anwendungsbereiche und neue Produkte

Die drei Teiluntersuchungen des 2. Teilschrittes ergaben folgende Aussagen.

3.2.1. Lagerstätten bzw. Vorkommen von Steinen, Erden und Industriemineralen in Österreich

Von J. G. Haditsch

Kurzfassung von G. Sterk

Den Lagerstätten von Steinen, Erden und Industriemineralen kommt im Hinblick auf bestehende, vor allem aber auf neue Anwendungsbereiche eine steigende Bedeutung zu. Hiezu tragen vor allem die Substitution metallischer und anderer Grundstoffe sowie steigende Qualitätsanforderungen bei, vor allem aber die Entwicklung neuer Grund- bzw. Werkstoffe auf der Grundlage von Steinen, Erden und Industriemineralen.

Zu den Steinen, Erden und Industriemineralen, die künftig als Rohstoffe besonders wichtig zu werden versprechen, zählen jene, aus denen sich innovative und/oder umweltschonende bzw. -verbessernde Produkte herstellen lassen, wie z.B.:

- *Zeolithe,* die als Katalysatoren sowie für die Wasser-, insbesondere die Abwasserreinigung, Gastrocknung, Energiespeicherung usw. verwendet werden können,
- *künstliche Apocholithe,* die als Dicht- und Dämmstoffe für den Deponie- und Wasserbau sowie für die Altlastsanierung in Frage kommen,
- *Quarzrohstoffe und Schichtsilikate* (Glimmer, Hydroglimmer, Talk, Tonminerale), die in der Nachrichten- und Halbleitertechnik, der Photovoltaik usw., zur Herstellung von Hart- und Verbundwerkstoffen bzw. von silikatischen Füllstoffen und Pigmenten eingesetzt werden können.

Darüber hinaus besteht die Möglichkeit, auch auf dem Gebiet des *Disthens, Granats* und der *Pigmentminerale* in Österreich entsprechende Rohstoffreserven nachweisen zu können. Allerdings reichen für diese mineralischen Rohstoffe die bisher vorgenommenen geowissenschaftlichen Untersuchungen bzw. die zugänglichen Informationen bei weitem für begründete Qualitäts- und Quantitätsangaben nicht aus, weshalb diese Mineralisationen in der vorliegenden Arbeit unberücksichtigt bleiben müssen.

Insgesamt wurden über **6.300** bisher bekanntgewordene **Vorkommen** von Steinen, Erden und Industriemineralen auf Blättern der Österr. Karte 1:50.000 **erfaßt** und für diese Arbeit geprüft.

Namentlich angeführt und nach dem derzeitigen Kenntnisstand beurteilt wurden **2.065 Vorkommen,** die für eine Nutzung zur Erzeugung hochwertiger Grund- bzw. Werkstoffe für Hochtechnologien und Produktinnovationen in Frage kommen. Davon wurden 1.208 Vorkommen als höffig eingestuft, das sind rund 58%.

Die Beurteilung dieser Vorkommen nach ihrer Bedeutung und Höffigkeit, gegliedert nach Rohstoffen bzw. Rohstoffgruppen, ist in Tabelle 7 dargestellt. Daraus geht hervor, daß von den namentlich dargestellten und beurteilten Vorkommen 240 als bedeutend und von diesen 83 als besonders höffig eingestuft werden können.

Rohstoffgruppe/Rohstoff	Vorkommen	
	bedeutend/ davon höffig*)	weniger bedeutend/ davon höffig**)
Ton, (hauptsächlich) Kaolin	65 / 19	
Ton, Tuff, Tegel und Lehm		447 / 289
Bentonit, Walk- und Bleicherde	12 / 2	78 / 64
Muskovit und Illit	20 / 12	46 / 40
Talk, Talkschiefer, Leukophyllit, Weißerde (und Kornstein)	27 / 10	171 / 134
Feldspat	29 / 9	112 / 76
Quarz	87 / 31	971 / 522
Zwischensumme	240 / 83	1.825 / 1.125
Gesamtsumme	2.065 / 1.208	

Tabelle 7: Anzahl und Bedeutung der erfaßten Vorkommen von Steinen, Erden und Industriemineralen nach Rohstoffen bzw. Rohstoffgruppen

Rohstoffe für die Porosilikat-(Zeolith-)Synthese

In Österreich gibt es keine wirtschaftlich interessanten Zeolithvorkommen. Wohl aber gibt es eine Reihe von Vorkommen anderer Rohstoffe, die für eine Zeolithsynthese in Frage kommen könnten, wie Tone (auch illitische Tone), Schluffe, vulkanische Aschen und Tuffe, Ignimbrite, Gesteinsgläser und Feldspat führende Gesteine. Leider gibt es von diesen Vorkommen nur relativ wenig Analysen, sodaß noch keine konkreten Angaben über ihre Eignung gemacht werden können. Auf Grund der bereits bisher gelungenen Zeolithsynthesen auf der Basis heimischer Rohstoffe, kann aber mit hoher Wahrscheinlichkeit angenommen werden, daß geeignete Rohstoffe für die Zeolithsynthese in Österreich vorhanden sind.

---

*) Bedeutend: größere Höffigkeit und/oder höherer Untersuchungsgrad.

**) Weniger bedeutend: weniger bekannt und/oder schlechteres Vorkommen.

Derart hergestellte synthetische Zeolithe könnten dann zur Herstellung von Detergentien, Molekularsieben, Katalysatoren usw., allenfalls auch von Langzeitdüngern, herangezogen werden.

Rohstoffe für die Synthese von silikatischen Produkten

Als Rohstoffe für die Quarzsynthese kommen, wie schon gesagt, nur ausreichend große, homogen aufgebaute, relativ reine und kostengünstig aufbereitbare Vorkommen in Betracht, d.h. Lagerstätten mit einem SiO_2-Gehalt von über 98 Masse-% und Reserven für mindestens 15 Jahre.

Auch an die Rohstoffe für die Herstellung von Kieselgelen werden hohe Ansprüche gestellt, so ein SiO_2-Gehalt von mindestens 99 Masse-%, ein streng limitierter Gehalt an Schwermetallen, an Ti, Alkalien und Erdalkalien. Außerdem müssen derartige Rohstoffe frei vonAs, P und S sein.

Als Lagerstätten derartiger Rohstoffe können hochwertige Quarzsand- und Quarzitvorkommen, weiters Pegmatite und Pegmatoide in Frage kommen. Schließlich wären auch Produkte naßmetallurgischer Verfahren, z.B. des RLM-Prozesses, in Erwägung zu ziehen.

In Österreich gibt es eine große Anzahl sowohl von Lagerstätten primären Quarzes in Gängen der Böhmischen Masse und in Form von Gängen und Lagern in den Kristallingebieten der Ostalpen als auch von hochwertigen Quarzsanden (mit über 95 Masse-% SiO_2 und sehr niedrigem Fe_2O_3-Gehalt) in den Linzer, Melker und Retzer Sanden.

Rohstoffe für Füll- und Trägerstoffe und Sonderbaustoffe

Hiefür kommen vor allem Glimmer, Talk, Talkschiefer, Leukophyllit, Kornstein und Weißerde in Frage.

Die Zukunft der *Glimmer* liegt zweifellos auf dem Gebiet der feinkörnigen Produkte, die entweder als Füllstoffe oder als Pigmente eingesetzt werden können.

Der Bedarf an Feinglimmersorten (Glimmermehlen) kann aus inländischen Lagerstätten gedeckt werden.

Es gibt in Österreich eine Vielzahl auch großer Lagerstätten und höffiger Vorkommen an *Talk, Talkschiefer, Leukophyllit, Kornstein* und *Weißerde.* Die Lagerstätten sind an die Böhmische Masse, die penninische Schieferhülle zwischen dem Zederhaustal im Osten und Mayrhofen im Westen, das Kristallin der Oststeiermark, der Niederen Tauern, der Kor- und Saualpe, der Nockberge, das metamorphe Mesozoikum Osttirols, das Silvretta-Kristallin und an das oberostalpine Jungpaläozoikum mit seinen Magnesitlagerstätten gebunden.

Hinsichtlich der Höffigkeit kommt vor allem den Lagerstätten im steirischen Kristallin (Rabenwald, Weißkirchen/Stubalpe) und den an die Karbonate gebundenen Vorkommen (Oberdorf, Mautern usw.), auch wenn diese derzeit ruhen, eine besondere Bedeutung zu. Das größte Hoffnungsgebiet für Kornstein liegt auf dem Rabenwald.

Allgemeine Bemerkungen

Allgemein ist festzustellen, daß über die *Bauwürdigkeit* von Vorkommen bzw. über Lagerstättenreserven von Steinen, Erden und Industriemineralen nur vereinzelt nähere Angaben vorliegen. Es sollten daher vor allem in besonders höffigen Bereichen einschlägige Untersuchungen tunlichst vorangetrieben werden, um interessante Möglichkeiten rascher und effizienter an Interessenten herantragen zu können.

In diesem Zusammenhang wird auch auf den *Mangel an technikrelevanten mineralogischen Daten* auf dem Sektor der Schichtsilikate, insbesondere der Tonminerale, sowie auf den Bedarf an *aufbereitungstechnischen Analysen* hingewiesen. Es wäre zweckmäßig, bei künftigen einschlägigen Untersuchungsarbeiten darauf Bedacht zu nehmen, wodurch die Genauigkeit der Beurteilung erhöht werden würde.

Literatur-Auswahl

(1) Angel, F.: Disthen und die zu ihm heteromorphen Minerale Andalusit und Sillimanit in Österreich; Radex-Rundschau, 1, 1972.

(2) Friedrich, O. M., & Haditsch, J. G.: Liste ostalpiner Mineralrohstoffvorkommen; Forschungsgesellschaft Joanneum Graz, 1–4, 5a–c, Erläuterungsheft, Graz 1983.

(3) Götzinger, M. A.: Industrieminerale, Steine und Erden in Österreich; Schriften d. Ver. z. Verbreitung naturwiss. Kenntnisse in Wien, 122/123, 1984.

(4) Haditsch, J. G.: Die Dokumentation der Lagerstätten des Bundesgebietes – Probleme, Ergebnisse, Ausblicke; BHM 124, 12, 1979.

(5) Haditsch, J. G.: Erze, feste Energierohstoffe, Industrieminerale, Steine und Erden, in: Grundlagen der Rohstoffversorgung, 2., 1979: Lagerstätten fester mineralischer Rohstoffe in Österreich und ihre Bedeutung, Wien.

(6) Haditsch, J. G., Petersen-Krauss, D., & Yamac, Y.: Beiträge für eine geologisch-lagerstättenkundliche Beurteilung hinsichtlich einer hydrometallurgischen Verwertung der Kraubather Ultramafititmasse; Mitt. Abt. Geol. Paläont. Bergb. Landesmus. Joanneum, 42, 1981.

3.2.2. Blei-Zink-Rohstoffe sowie die mit diesen assoziierten Nebenelemente (Spezialmetalle) in Österreich

Von I. Cerny und E. Schroll

Kurzfassung von G. Sterk

Eine Gewinnung und Verarbeitung von Blei- und Zinkerzen erfolgt derzeit in Österreich wegen mangelnder Wirtschaftlichkeit, insbesondere zufolge des Preisverfalls für Blei und Zink, nicht mehr. Der letzte Pb-Zn-Bergbau in Bleiberg-Kreuth wurde kürzlich stillgelegt, nachdem die Zn-Elektrolyse schon vor einiger Zeit eingestellt worden ist.

Interessanter als die Pb-Zn-Erze sind derzeit die an diese gebundenen Anreicherungen an Spezialmetallen Ga, In, Tl, Ge, Se, Te und Cd. Das Schwergewicht dieser Untersuchung wurde daher auf diese Spezialmetalle gelegt. Die Aufgabe wurde teils an Hand bereits zur Verfügung stehender Daten, vor allem aber durch Neubeprobungen gelöst. Für die Auswertung der Vielzahl analytischer Werte wurden dort, wo eine genügende Anzahl von Einzeldaten vorlagen, wie für Bleiberg-Kreuth, multivariate statistische Methoden angewandt.

Dieser Betrachtung liegen folgende **Mineralvorkommen** zugrunde:

- die an Karbonate gebundenen Pb-Zn-Mineralisationen der Trias,
- Komplexerze des Paläozoikums und des Altkristallins sowie
- Kieslager unterschiedlicher stratigraphischer und tektonischer Stellung.

Der Vollständigkeit halber wurden auch Vorkommen von Fahlerzen und Antimoniten in die Untersuchung einbezogen. Auch Bauxite und Tonerden wurden analysiert.

Nach Friedrich (1953) gibt es im ostalpinen Raum (Österreich und benachbarte Randgebiete)

174 Pb-Zn-Vorkommen, die an Karbonatgesteine, vornehmlich der Trias, gebunden sind,

111 Pb-Zn-Vorkommen, die meist vergesellschaftet mit Kupfer- und Eisenkiesen in paläozoischen Gesteinen auftreten und

126 Vorkommen von Kieslagern mit untergeordneten Zn-(Pb-, Cu-)Gehalten.

Ferner nennt FRIEDRICH 28 Antimonerzvorkommen und 131 Fahlerzvorkommen im vorgenannten geologischen Raum.

Bergbau	Vorratsklasse	Lagerstättenvorrat in Mio. t Pb+Zn	57% Zn im Konzentrat t	Ge t	Ga t	Tl t	Cd t	In t
1. In Gewinnung gestandene Lagerstätten:								
Bleiberg-Kreuth	A, B, C_1	2	210.000	35,7	2	2,6	378	–
2. In Erkundung gestandene Vorkommen								
Grazer Paläozoikum	C_2	1,5	158.000	–	3,8	–	332	–
3. Vorkommen mit möglichen wirtschaftlichen Aussichten („mobiler Kleinbergbau")								
a) karbonatgebundene Zn-Pb-Vorkommen								
Radnig	C_2	0,075	6.580	2,1	0,2	–	10,7	–
Jauken	C_2	0,05	5.300	7,8	0,2	0,3	7,0	–
Pirkach	C_2	0,4	28.000	11,2	5,4	1,0	105	–
Hochobir	C_2	0,3	18.400	16,6	1,2	3,5	70	–
Lafatsch	C_2	0,6	84.200	12,6	1,2	3,8	193	–
b) Zinkerze paläozoischer Vorkommen								
Metnitz	C_2	0,3	42.100	15,6	8,4	–	60	–
Koprein	C_2	0,1	14.000	–	–	–	33	1,2
c) Schwefelkiese								
Panzendorf	C_2	0,4	33.000 (ZnS 6%)	–	–	–	–	1,4
Außervillgraten	C_2	0,13	10.800 (ZnS 6%)	–	–	–	–	1,3

Tabelle 8: Lagerstättenvorräte (Vorratspotentiale) an Pb-Zn-Erzen sowie Spezialmetallen in untersuchten Erzlagerstätten bzw. Vorkommen (errechnet aus gesicherten bergbaulichen Vorräten der Kategorien A, B und C_1 sowie geschätzten geologischen Vorräten der Kategorie C_2)

Schon bisher erfolgte in Österreich auch eine **Nutzung von Spezialmetallen.**

Bei der Verarbeitung von Zinkerzen bzw. deren Konzentraten in der Zinkhütte der Bleiberger Bergwerksunion (BBU) in Arnoldstein war es durch Jahrzehnte möglich, aus den anfallenden Schlämmen der Elektrolyse einen Teil der eingangs genannten Spezialmetalle, nämlich Germanium und Kadmium, nutzbar zu machen. Während das Kadmium als Metall verkauft wurde, vermarktete man das Germanium als Vorkonzentrat. Insgesamt wurden in den letzten 34 Jahren 967 t Cd-Metall und 174 t Germanium (errechnet aus dem Vorkonzentrat) produziert. Auf Grund zu niedriger Gehalte an Indium, Gallium und Thallium in heimischen Zinkblende-Konzentraten wurden diese Elemente aus hüttentechnischen und ökonomischen Gründen nicht gewonnen.

Die vorgenommenen Untersuchungen ergaben nach dem gegenwärtigen Stand der Kenntnisse die in Tabelle 8 angeführten **Lagerstättenreserven (Vorratspotentiale)** an Blei- und Zinkmetall sowie an Spezialmetallen, errechnet aus gesicherten bergbaulichen Vorräten der Kategorien A, B, und C_1 sowie geschätzten geologischen Vorräten der Kategorie C_2. Mit der erfolgten Schließung des Bergbaues Bleiberg-Kreuth sind diese Vorratspotentiale nur noch als subökonomisch einzustufen.

Die in Tabelle 8 angeführten **Mineralisationen** sind unterschiedlich zu beurteilen.

In den ***Pb-Zn-Mineralisationen,*** die an ***Karbonate der Trias gebunden sind,*** liegen, wie bereits ausgeführt, die bedeutendsten Anreicherungen an den Spezialmetallen Germanium und Kadmium in der Lagerstätte des stillgelegten Bergbaues *Bleiberg-Kreuth.* Auf Grund der durchgeführten Berechnungen sind dort nach dem derzeitigen Kenntnisstand in den nach der Stillegung unter Tage verbliebenen anstehenden Restvorräten noch etwa 36 t Germanium, 1,6 t Thallium und 2 t Gallium sowie 378 t Kadmium enthalten. Bei einer allfälligen Nutzung von Thallium müßten noch entsprechende verfahrenstechnische Untersuchungen durchgeführt werden, während für Gallium die Gehalte für eine technisch-wirtschaftliche Nutzung zu gering sind.

In ***sonstigen Bereichen der kalkalpinen Trias,*** insbesondere am *Südrand des Hochobirs,* auf der *Jauken,* in *Pirkach bei Oberdraubung* sowie in *Lafatsch* sind z.T. nennenswerte geologische Vorräte an Pb-Zn-Erzen mit Spezialmetallen vorhanden. Beprobungen und Analysen aus diesen Vererzungen sowie durchgeführte Substanzermittlungen haben nachstehend angeführte Potentiale an Spezialmetallen ergeben:

- Germanium 40 bis 50 t
- Thallium 7 bis 8 t und
- Gallium 6 bis 8 t.

Blei-Zink-(Kupfer)-Vorkommen im ***Paläozoikum und Altkristallin*** sind mit wenigen Ausnahmen arm an Ge, Ga und Tl. Die Zinkblenden dieser Vererzungen weisen als technologisch interessantes Wertmetall Indium auf. Auf Grund der derzeit überblickbaren Kleinheit dieser Erzvorkommen kann als Schätzwert ein Potential von 3 bis 4 t Indium angenommen werden. Untersuchenswert im Hinblick auf Indium erscheinen insbesondere die Vorkommen von *Meiselding* im Paläozoikum der Gurktaler Alpen und *Koprein* im Paläozoikum der Karawanken. Hinsichtlich der Elemente Germanium und Gallium wäre eine Untersuchung der Vorkommen *Metnitz/Vellach* in den Gurktaler Alpen erstrebenswert.

Die Zinkblenden des ***Grazer Paläozoikums*** haben nur geringe Gehalte an Gallium.

Unter den ***alpinen Fahlerzvorkommen*** fällt lediglich das Vorkommen *Nöckelberg* in der Grauwackenzone bei Leogang/Hütten mit hohen Germaniumkonzentrationen auf. Die zu erwartende geringe Vorratsmenge und die unregelmäßige Verteilung des Germanium-Wertminerals Renierit läßt dieses Vorkommen jedoch nach heutigem Wissensstand als eher uninteressant erscheinen.

Kieserze sind mit Ausnahme von Zinkblende-führenden Kleinvererzungen, wie z.B. *Außervillgraten* in Osttirol, für technologisch interessante Spezialmetalle ohne Bedeutung.

Dies trifft auch für die leicht erhöhte Selen-Konzentration zu, wozu noch in Betracht zu ziehen ist, daß die Inhalte der heimischen Kieserzlagerstätten allesamt als gering anzusetzen sind.

In den ***Antimoniten*** sind keine nennenswerten Anreicherungen an Spezialmetallen enthalten.

Zu den Spezialmetallen in ***Bauxiten und Tonerden*** ist zu bemerken, daß, abgesehen davon, daß die österreichischen Bauxitvorkommen derzeit für eine Verwertung nicht in Frage kommen, ihre Gallium-Gehalte bei 30 bis 40 ppm liegen, was unter dem üblichen Durchschnitt ist.

Eine Gewinnung von Gallium aus den ***Rückständen der Aluminiumproduktion*** erscheint wegen ihrer relativ geringen Anreicherung, vor allem aber wegen der geringen Substanzmenge, kaum zielführend.

Die Untersuchung heimischer und importierter ***Kohlen und deren Verbrennungsprodukten*** hat keine Hinweise auf nutzbare Wertelemente gebracht, abgesehen von lokalen Anreicherungen des Germaniums in Braunkohlen des *Salzacher Kohlenrevieres.*

Für allfällige ***EXPLORATIONSARBEITEN IN DER ZUKUNFT*** ist folgendes auszuführen:

Die im Hinblick auf erhöhte Spezialmetallgehalte angeführten Pb-Zn-Vorkommen in der alpinen Trias, im Paläozoikum und im Altkristallin sind nach dem heutigen Wissensstand über die Geometrie der Erzkörper und ihrer lagerstättenkundlich überblickbaren, möglichen Erzsubstanz als Kleinlagerstätten zu bezeichnen. Diese Kleinlagerstätten mit heute abschätzbaren Erzinhalten von 0,1 bis 1,5 Mio. t, vielfach mit nicht zusammenhängenden Erzkörpern, könnten in der Zukunft den heimischen Bedarf an Blei und Zink nur zu einem Bruchteil abdecken. Der Betrieb solcher Kleinlagerstätten wäre nur im Sinne eines mobilen Kleinbergbaues möglich. Vor Beginn allfälliger Explorationsarbeiten müßte eine eingehende geologische und wirtschaftliche Bewertung der betroffenen Erzvorkommen, aber auch der in Aussicht genommenen Explorationsarbeiten vorgenommen werden.

Bei den kalkalpinen Vorkommen im Raum Hochobir, Jauken und Lafatsch bestünde prinzipiell die Möglichkeit, großräumige Erzkörper zu erschließen, wenn dort dieselbe Schwellenmorphologie nachgewiesen werden kann, die in Bleiberg-Kreuth die Voraussetzung für massive Erzanreicherungen bildet. Um diese Annahme bestätigen zu können, müßten allerdings Strukturbohrungen vorgenommen werden.

Literatur-Auswahl

(1) CERNY, I., & SCHROLL, E.: Heimische Vorräte an Spezialmetallen (Ga, In, Tl, Ge, Se, Te und Cd) in Blei-Zink- und anderen Erzen. Archiv für Lagerstättenforschung Geolog. Bu. Anst. Wien, im Druck.

(2) CERNY, I.: Die karbonatgebundenen Blei-Zink-Lagerstätten des alpinen und außeralpinen Mesozoikums. Archiv für Lagerstättenforschung Geolog. Bu. Anst. Wien, 11, 1989.

(3) Cerny, I., Scherer, J., & Schroll, E.: Blei-Zink-Verteilungsmodelle in stillgelegten Blei-Zink-Revieren der Karawanken. Archiv für Lagerstättenforschung Geolog. Bu. Anst. Wien, 2, 1982.

(4) Friedrich, O. M.: Die Erzlagerstättenkarte der Ostalpen, Radex-Rundsch. 7/8, Radenthein 1963.

(5) Fruth, I.: Spurengehalte der Zinkblenden verschiedener Pb-Zn-Vorkommen in den nördlichen Kalkalpen. Chemie der Erde, 25/2, 1966.

(6) Rasmy-Shehata, M., & Schroll, E.: Indium und Gallium in Zinkblenden der Blei-Zink-Lagerstätte Bleiberg-Kreuth. Anz. Österr. Akad. Wiss., 1974.

(7) Schroll, E.: Spurenelementparagenese (Mikroparagenese) ostalpiner Bleiglanze. Anz. Österr. Akad. Wiss., 1951.

(8) Schroll, E.: Spurenelemente in heimischen Rohstoffen für Hochtechnologien, BHM 131/4, Wien 1986.

3.2.3. Metallische Rohstoffe, insbesondere Legierungs- und Seltene Erdmetalle mit Ausnahme von Pb-Zn-Rohstoffen und den mit diesen assoziierten Nebenelementen

Von F. THALMANN

Kurzfassung von G. STERK

In Österreich gibt es eine Vielzahl von Vorkommen metallischer Rohstoffe. Berücksichtigt man auch die bedeutenderen, noch nicht näher untersuchten Mineralisationen, so kommt man auf gut 3.000 Vorkommen bzw. Mineralisationen.

Sie sind jedoch zumeist zu klein, zu arm oder zu absätzig im Vergleich zu den großen, reichen, profitablen Lagerstätten, vor allem aus Übersee. Großlagerstätten der Größe und Gehaltsintensität nach, vergleichbar vor allem mit jenen auf den außereuropäischen Kontinenten, wie auf den alten Kontinentalschilden in Australien, Afrika, Asien sowie Nord- und Südamerika oder den jungen Subduktionsbereichen der zirkumpazifischen Orogene, sind auf Grund der geotektonischen Vorgeschichte und des komplizierten geologischen Aufbaues der Ostalpen, nicht vorhanden.

Bei einer Reihe größerer Erzlagerstätten in Österreich kommt hinzu, daß sie in den vergangenen Zeiten z.T. intensiv genützt worden sind (z.B. Kupfererze bei Mitterberg seit dem 17. Jh. v. Chr.), so daß die reicheren und leichter zugänglichen Teile bereits abgebaut und heute nicht mehr bauwürdig sind bzw. konkurrenzfähig gewonnen werden können. So ist es verständlich, daß viele der nach dem Zweiten Weltkrieg noch betriebenen Erzbergbaue wegen mangelnder Konkurrenzfähigkeit mit importierten Roh- bzw. Grundstoffen, oft auch wegen einer Verarmung der Lagerstätte, stillgelegt werden mußten.

Dennoch gelang es, auch völlig neue Erzbergbaue zu erschließen, wie den Wolframerzbergbau bei Mittersill, und auf dessen Grundlage eine Wolframhütte in Bergla, Stmk., aufzubauen, wo hochwertige Wolframprodukte (hochreine W-Karbid- und W-Metallpulver) hergestellt werden.

Die in den letzten Jahren durchgeführten systematischen Untersuchungen des Bundesgebietes haben leider zuwenig Anhaltspunkte für weitere neue, wirtschaftlich nutzbare Erzlagerstätten gebracht. Die hiebei gewonnenen Anhaltspunkte für verdeckte Mineralisationen müßten erst durch entsprechende nähere Untersuchungen und integrative Auswertungen der Ergebnisse hinterfragt werden.

Die Höffigkeit der Vorkommen an metallischen Rohstoffen in Österreich, gegliedert nach den Verwendungsbereichen, ist, wie in Tabelle 9 dargestellt, zu beurteilen.

Verwendungsbereiche	Rohstoff	Chancen in Österreich
Rohstoffe der Eisen und Aluminium-legierungen, der Leichtbauwerkstoffe, der hochschmelzenden Metalle und Legierungen, Implantatwerkstoffe u.a.	Chrom Mangan Nickel Kobalt Wolfram Molybdän Vanadium Niob u. Tantal Magnesium Lithium Zirkonium Beryllium Rhenium Platinmetalle	gering gering gering gering ja gering gering gering ja ja gering gering gering gering
Rohstoffe für magnetische Materialien	Seltene Erden	gering
Rohstoffe zur Entwicklung elektronischer und optoelektronischer Bauelemente	Silizium Gallium Germanium Indium Thallium Arsen	ja gering bedingt ja*) gering bedingt ja*) ja

Tabelle 9: Beurteilung der Höffigkeit von metallischen Rohstoffen in Österreich

Zu den in vorstehender Übersicht angegebenen Chancen für die Möglichkeit einer wirtschaftlichen Nutzung der einschlägigen Vorkommen in Österreich ist zu bemerken, daß sich diese Beurteilung auf den derzeitigen Kenntnisstand sowie die derzeitigen Kosten-Preis-Relationen stützt.

Im folgenden werden die Gesichtspunkte angeführt, die für die Beurteilung der Aussichten für die Auffindung einschlägiger Lagerstätten in Österreich i.w. maßgebend waren.

Bei ***Chrom*** bestehen kaum reale Chancen, Erze in ausreichender Menge zu finden, die sich für eine direkte Gewinnung eignen würden. Als prospektive Gebiete für eine naßmetallurgische Verarbeitung nach dem Ruthner-Luwa-Mitterberg-(RLM-)Verfahren kommen lediglich die chromitführenden Serpentinkomplexe von Kraubath, Steiermark, sowie einige Vorkommen in Niederösterreich in Frage. Derzeit stehen die hohen inländischen Energiekosten einer derartigen Chrom-Gewinnung entgegen.

Bei ***Mangan*** erscheinen die weitanhaltenden Manganschiefer in den jurassischen Schichten der nördlichen Kalkalpen, wie die Vorkommen von der Eisenspitze,

*) an die Gewinnung von Pb-Zn gebunden.

Davinalpe, von Hochkranz oder jene im Gebiet Golling-Abtenau, von der Menge her nicht uninteressant, doch ist eine wirtschaftliche Nutzung durch ungünstige texturelle und strukturelle Verhältnisse, vor allem aber auch durch zu geringe Gehalte, behindert.

Eine ***Nickel***-Gewinnung wäre nur als Beiprodukt eines hydrometallurgischen Aufschlusses aus Serpentiniten, wie aus dem Vorkommen im Tanzmeistergraben bei Kraubath, technisch möglich, jedoch stehen dem, wie bei Chrom, derzeit für das hiefür anzuwendende RLM-Extraktionsverfahren die hohen Energiekosten entgegen.

Erfolgversprechende ***Kobalt***-Mineralisationen wurden auch bei den in den letzten Jahren durchgeführten systematischen Untersuchungen des Bundesgebietes nicht lokalisiert.

Die Gewinnung und Verarbeitung von ***Wolfram***-Erzen ist in Österreich sehr jung. Die Scheelitlagerstätte bei Mittersill wurde im Sommer 1967 im Zuge flächenhafter Untersuchungen von Bachsedimenten mittels UV-Licht gefunden und Anfang der siebziger Jahre in Verhieb genommen. Derzeit sind in Österreich mehr als 150 Scheelitmineralisationen bekannt, die zum Großteil im Rahmen der die geochemische Basisaufnahme des Bundesgebietes begleitenden systematischen Untersuchungen lokalisiert werden konnten. Die erfolgversprechendsten Indikationen sind in der Karbonat-Serizitphyllit-Serie gebunden. Es handelt sich durchwegs um stoffkonkordante Vererzungen, wie in Obernberg, Klammalm, Mölsjoch, Arztal und Mühlbach. Eine auch genetisch interessante W-Indikation wurde am Mallnock, Kärnten, lokalisiert.

Molybdän ist seinerzeit aus Wulfenit als Begleiter kalkalpiner Pb-Zn-Vererzungen gewonnen worden. Diese Möglichkeit wurde schon vor Jahren wegen mangelnder Wirtschaftlichkeit aufgegeben. Die bekannteste Molybdänvererzung der Zentralalpen ist die von der Alpeinerscharte in Tirol. Molybdänglanz-Vererzungen wurden auch in aplitischen Eisgarner Graniten bei Hirschenschlag gefunden. Die Metallkonzentrationen erweisen sich aber hinsichtlich Gehalten und Ausdehnung als zu gering. Auch am Nebelstein, wo die kontaktparallele Zone von Greisengestein beachtliche Mächtigkeiten erreicht, konnte keine wirtschaftlich hoffnungsvolle Vererzung nachgewiesen werden. Die maximal festgestellten Konzentrationen betragen rd. 500 ppm Mo über 9 m Mächtigkeit bzw. 700 ppm über 1 m Mächtigkeit. Vermutlich hat das Erosionsniveau bereits die tiefe Wurzelzone einer weit höher liegenden Mineralkonzentration erreicht. Insgesamt sind derzeit alle Mo-Mineralisationen als nicht prospektiv zu beurteilen. Molybdän ist im übrigen ein Beiprodukt bei der Verarbeitung von Scheelit. Nicht einmal dieses Beiprodukt kann zur Zeit wirtschaftlich verwertet werden und wird daher zwischendeponiert.

Vanadium-Mineralisationen sind weder in der Zentralzone der Alpen noch im Bereich des Kristallins der Böhmischen Masse bekannt. Die Menge der in den Pb-Zn-Vorkommen enthaltenen Vanadium-Minerale ist viel zu gering für eine wirtschaftliche Nutzung. Im Zuge der Auswertung der geochemischen Basisaufnahme des Bundesgebietes zeigten basische und ultrabasische Magmatite und deren Rutile im Gebiet von Predlitz, Steiermark, höhere V-Gehalte, bis 0,16% in Rutilen. Auch die im Gebiet um Paternion, Kärnten, untersuchten rutilreichen Schwermineralkonzentrate, deren Einzugsgebiet im Bundschuh-Nockalm-Kristallin gelegen ist, haben erhöhte V-Gehalte um 0,12%.

Gehalte an ***Niob und Tantal*** (bis etwa 130 ppm) wurden in Pegmatitvorkommen des Waldviertels in den Bereichen Selling/Kleinheinrichschlag, im Umkreis von Gars und im Gebiet Gutenbrunn/Artholz festgestellt. Die Mineralisationen sind jedoch sehr absetzig. Auf Grund der geochemischen Basisaufnahme des Bundesgebietes und der diese begleitenden systematischen Prospektion auf Wolfram und andere Stahlveredler wurde im Bereich kristalliner, metavulkanogener Serien in Kärnten mit epi- bis mesozonaler Metamorphose, insbesondere im Gebiet der Wandelitzen, eine hohe Korrelation zwischen Titan, Vanadium und Niob und z.T. auch Wolfram festgestellt. Weiterführende Untersuchungen zeigen, daß vor allem Rutil, aber auch Ilmenit aus Schwermineralproben hohe isomorphe Nb_2O_5-Gehalte bis 7,9% bzw. Nb-Gehalte bis 5,6% aufweisen. Das sind Ergebnisse, die ohne allzu hohen Optimismus im Rahmen der Grundlagenforschung weiter zu verfolgen wären.

Österreich zählt auf Grundlage seiner Magnesitlagerstätten zu den bedeutenden Produzenten von Feuerfestprodukten in der Welt. Auf Grund der technologischen Entwicklung in der Eisenhüttenindustrie sind heute die eisenreicheren Spatmagnesite weniger gefragt, sodaß Gel-Magnesit importiert werden muß, der genetisch an Ultrabasitgesteine gebunden ist. Das einzige in Produktion gestandene Gelmagnesitvorkommen Österreichs in Kraubath, Steiermark, gilt als ausgebaut. Eine ***Magnesium***-Erzeugung wäre ferner aus Serpentiniten nach hydrometallurgischem Aufschluß technisch möglich, doch ist das sehr energieintensiv, sodaß bei den derzeitigen Energiepreisen keine Wirtschaftlichkeit erkennbar ist. Eine MgO-Produktion durch hydrometallurgische Laugung ultramafitischer Gesteine aus dem Bereich Kraubath wird bereits betrieben, wobei sich die Unterbringung der dabei anfallenden Steinmehle auf dem Baumarkt positiv auswirkt. Die Gewinnung von Magnesiummetall ist in erster Linie eine Frage der Energiekosten.

Lithium-Mineralisationen als Spodumen sind aus zahlreichen Pegmatiten Österreichs bekannt. In den Jahren 1981 bis 1988 wurde das Spodumenvorkommen auf dem Brandrücken/Weinebene, Koralpe, lokalisiert und anschließend exploriert. Das Vorkommen in Form schichtparalleler Pegmatitgänge liegt im mittelostalpinen Kristallin, das aus kata- bis mesozonal metamorphen Serien aufgebaut wird. Es wurden insgesamt 17,8 Mio. t Erz als geologische Vorräte der Klassen 1b bis 2c mit einem mittleren Li_2O-Gehalt von 1,3% ermittelt. Eine Nutzbarmachung scheiterte in der Folge einerseits durch einen starken Preisverfall für Lithium, z.B. durch die Entdeckung und Inbetriebnahme der reichen, tagbaumäßig zu gewinnenden Spodumenlagerstätte Greenbushes in West-Australien mit 2,4 bis 5% Li_2O und anderseits durch einen starken Kursverfall des US-$. Es gibt Indikationen, daß noch weitere Vorkommen vom Typ Weinebene in den Ostalpen vorhanden sind. Es ist aber festzustellen, daß Lithium derzeit, in wirtschaftlicher Hinsicht und vorratsmäßig gesichert, vorzugsweise aus kontinentalen Salzseen und geothermalen Wässern gewonnen werden kann.

Zirkon kommt im Schwermineralspektrum der Linzer und Melker Sande vor. Die Gehalte sind jedoch so gering, daß sich eine Schwermineralabtrennung als wirtschaftlich nicht vertretbar erwiesen hat. Dasselbe gilt auch für die Sand/Siltfraktion der Rückstände aus der Kaolinaufbereitung. Im Rahmen der geochemischen Basisaufnahme wurden im Bereich granitischer Plutone im Mühl- und Waldviertel erhöhte Zirkongehalte festgestellt, jedoch sind weder entsprechende Sedimentmengen noch wirtschaftlich interessante Gehalte vorhanden.

Die ***Beryll***-Mineralisationen in Österreich lassen entsprechend den Ergebnissen der bisherigen Untersuchungen keine wirtschaftlich interessanten Anreicherungen erkennen.

Auch gibt es in Österreich keine Vorkommen bzw. Mineralisationen an ***Rhenium,*** die wegen ihres Gehaltes Überlegungen hinsichtlich einer wirtschaftlichen Bedeutung rechtfertigen würden. Rhenium kann als Begleitelement von Molybdän in Erscheinung treten. Jedoch haben sich die Molybdänglanze der Zentralalpen und auch der Trias in Bleiberg als arm an diesem Element erwiesen. Dies trifft auch auf Wulfenite zu (mündliche Mitteilung von E. SCHROLL).

Nach dem derzeitigen Stand der Kenntnisse sind in Österreich keine auch nur annähernd wirtschaftlich interessanten Vererzungen an ***Platin-Metallen*** (Ruthenium, Rhodium, Palladium, Osmium, Iridium und Platin) bekannt oder zu erwarten. Jüngste Untersuchungen in den Ultramafitarealen von Kraubath und Hochgrössen bestätigen jedoch erstmals das Vorhandensein von verschiedenen platinhältigen Mineralphasen als Einschlüsse in Chromitschlieren.

Bauwürdige Vorkommen von ***Seltenen Erden*** sind in Österreich kaum zu erwarten. Ihre Konzentration ist an alkalimagmatische Erscheinungen gebunden. Einige akzessorische seltenerdenhaltige Minerale, wie Monazit oder Xenotim, werden in fluviatilen und marinen Seifen angereichert. Die Elementarverteilungskarten von Cer, Lanthan und Yttrium zeigen im Mühl- und teilweise im Waldviertel erhöhte Werte mit hoher Korrelation zu Phosphor und Thorium. Schwermineraluntersuchungen haben die Bindung an Monazit bestätigt. Im Kamptal wurden schon seit längerem tafelige Kristalle von Monazit aus Bachsedimenten bekannt. Lanthan steht in direkter geochemischer Abhängigkeit zu Cer. Die deutlich erhöhten Werte über dem Weinsberger Granit dürften eine Folge der besonderen Verwitterungseigenschaften der Grobkorngesteine sein und durch morphologische Einflüsse verstärkt werden. Eine deutliche Hochzone befindet sich nördlich von Gmünd, die sich mit weiteren Hochwerten von Schwermineralelementen, vor allem U und Zr, deckt. Die Schwermineralführung ist allerdings gering einzuschätzen.

Die Vorkommen von **Cadmium, Gallium, Germanium, Indium** und ***Thallium*** sowie die Beurteilung deren Abbauwürdigkeit wurden bereits im Abschnitt über Pb-Zn-Vererzungen behandelt.

Abschließend sei noch auf ***Arsen*** eingegangen. Arsen und Arsenverbindungen werden derzeit zur Gänze importiert, wobei allerdings zu bemerken ist, daß der heimische Bedarf gering ist. Im Bundesgebiet ist eine Reihe von Arsenerzvorkommen bekannt, wie Rotgülden, St. Blasen, Straßegg usw. An eine bergbauliche Produktion ist heute nicht mehr zu denken, da viel mehr Arsen – als unerwünschtes Schadelement bei der Verhüttung, vor allem von Buntmetallen und Gold – anfällt als technisch benötigt wird. Interessant ist das hohe Preisniveau für hochreine Arsenprodukte.

Literatur-Auswahl

(1) Göd, H.: The spodumen deposite „Weinebene", Koralpe, Austria. Geol. Rundsch. 7/8, Stuttgart 1989.

(2) Göd, H., & Koller, F.: Molybdenite-Magnetite bearing greisens associated with peraluminous leucogranite Nebelstein, Bohemian Massif, Austria. Chemie der Erde 49, Jena 1989.

(3) Holzer, H.: Mineralische Rohstoffe und Energieträger, in: Der geologische Aufbau Österreichs (Hg. Geolog. Bu. Anst. Wien), Springer, Wien 1980.

(4) Holzer, H. F.: Austria. In: Dunning, F. W., Evans, A. M., eds.) Mineral deposites of Europa, Vol 3. Central Europe, Inst. Min. and Met. The Mineralogical Soc. London 1986.

(5) Thalhammer, O. A. R., & Stumpfl, F.: Platin-group minerals from Hochgrössen ultramafic massif, Styria: first Reported occurrence of PGM in Austria. Trans. Inst. Metall Sec. B, 1988.

(6) Thalhammer, O. A. R., Prochaska, W., & Mühlhaus, H. W.: Solid inclusions in chromespinels and platinium group element concentrations in Hochgrössen and Kraubath ultramafic massifs (Austria). Contrib. Mineral. Petrol. 105, 1990.

(7) Thalmann, F., Schermann, O., Schroll, E., & Hausberger, G.: Geochemischer Atlas der Republik Österreich 1 : 1,000.000 Böhmische Mase und Zentralzone – Bachsedimente. 35 Kartenblätter und Textteil, Geolog. Bund.Anst., Wien 1989.

3.3. Bergwirtschaftliche Überlegungen und Folgerungen

Von R. Nötstaller

Entwicklungstendenzen in der Rohstoffwirtschaft

Um den für eine Einordnung der Forschungsergebnisse erforderlichen Hintergrund zu schaffen, erscheint es zweckmäßig, zunächst die Entwicklungstendenzen in der Mineralrohstoffwirtschaft einer kurzen Betrachtung zu unterziehen. Der Schwerpunkt soll dabei der Entwicklung des Rohstoffbedarfes und der Rohstoffverfügbarkeit gewidmet werden.

Die Rohstoffwirtschaft des zu Ende gehenden 20. Jahrhunderts ist geprägt durch einen tiefgreifenden Strukturwandel von nie dagewesener Dynamik. Mehrere signifikante Entwicklungen lassen sich hierbei beobachten, darunter insbesondere:

1. Ein Trend zu effizienterem und sparsamerem Energie- und Rohstoffeinsatz infolge leistungsfähigerer Werkstoffe, neuer Technologien und innovativer Produktgestaltung;
2. die Substitution einzelner mineralischer Rohstoffe durch andere mineralische Rohstoffe oder neue Materialien mit besseren Eigenschaften oder günstigerem Preis-Leistungs-Verhältnis;
3. die zunehmende Bedeutung der Wiederverwertung von Alt- und Abfallstoffen aus Gründen der Schonung der Umwelt;
4. eine weltweit wachsende Umweltsensibilität, welche die Rohstoffgewinnung alten Stils mit ihren Eingriffen in Natur- und Kulturlandschaften und den damit verbundenen Schadstoffemissionen in steigendem Maße ablehnt;
5. die Verlangsamung des Bevölkerungswachstums in den hochentwickelten Industriestaaten, bei weiterhin hohem Bevölkerungswachstum in den Entwicklungsländern;
6. die Umstellung der Wirtschaftssysteme der ehemaligen Planwirtschaftsländer auf Marktwirtschaft und die Konversion der Rüstungsproduktion auf die Herstellung von Konsumgütern;
7. die zunehmende Sättigung im Bereich des Marktes der dauerhaften Konsumgüter in den westlichen Industriestaaten, verbunden mit sinkenden Verbrauchsintensitäten bei den traditionellen Rohstoffen.

Die dargestellten Entwicklungen wirken sich insgesamt dämpfend auf die Nachfrage nach Primärrohstoffen aus. In den westlichen Industriestaaten sind entsprechend bei den sogenannten alten Rohstoffen wie Eisen, Blei, Kupfer, Zink und Zinn seit vielen Jahren sinkende Verbrauchsintensitäten, ausgedrückt in kg Rohstoffverbrauch pro Mio. US-$ Bruttoinlandsprodukt, zu verzeichnen (RADETZKI, 1988). In den Entwicklungsländern sind im Gegensatz dazu als Folge des Industrialisierungsprozesses auch bei den alten Rohstoffen nach wie vor steigende Verbrauchsintensitäten zu beobachten (DORIAN, 1990).

Ähnliches gilt für die Gruppe der jüngeren Rohstoffe, welche insbesondere Aluminium, Chrom, Mangan, Molybdän, Nickel und Vanadium umfaßt. Während Entwicklungsländer aller Entwicklungsstufen steigende Verbrauchsintensitäten aufweisen, zeigen die diesbezüglichen Vergleichswerte in den hochentwickelten Industriestaaten bereits eine sinkende Tendenz. Demgegenüber weist die Gruppe der jungen Rohstoffe, welche vorwiegend dem Hochtechnologiebereich zuzuordnen sind, wie Kobalt, Germanium, Platingruppenelemente, Seltenen Erden und Titan, in allen Volkswirtschaften steigende Verbrauchsintensitäten auf. Demgemäß wird bei dieser Rohstoffgruppe der Verbrauch voraussichtlich weltweit am stärksten steigen.

Trotz stagnierendem Bevölkerungswachstum werden die westlichen Industriestaaten auch in Zukunft weiterhin ähnlich große Rohstoffmengen verbrauchen wie bisher, um das bestehende hohe Wohlstandsniveau erhalten zu können. Steigende Anteile werden dabei auf Sekundärrohstoffe entfallen. Strengere Umweltschutzgesetze werden es darüber hinaus schwieriger machen, in den dicht besiedelten Industriestaaten neue Bergbau- und Hüttenkapazitäten zu schaffen. Wachsende Anteile des Rohstoffbedarfes dieser Staatengruppe werden daher aus den großen Bergbauländern, darunter aus den rohstoffproduzierenden Entwicklungsländern, kommen, wodurch die bereits bestehende hohe Importabhängigkeit bei mineralischen Rohstoffen weiter zunehmen wird.

In den weniger entwickelten Volkswirtschaften leben gegenwärtig mehr als drei Viertel der Weltbevölkerung mit einem Pro-Kopf-Einkommen, das zum überwiegenden Teil erheblich unter dem Weltdurchschnittswert liegt. Auch in den meisten ehemaligen Planwirtschaftsländern liegt das durchschnittliche Pro-Kopf-Einkommen deutlich unter dem Weltdurchschnitt. Eine Anpassung des Pro-Kopf-Einkommens dieser Länder an das heutige Niveau westlicher Industriestaaten ist nur sehr langfristig und nur in Verbindung mit beträchtlich steigendem Rohstoffverbrauch möglich.

Dazu kommt, daß in den Entwicklungsländern die Bevölkerung weiterhin rasch wächst. Nach einschlägigen Schätzungen wird dadurch die Weltbevölkerung bis zum Jahre 2025 um 3 Mrd. auf rd. 8,3 Mrd. Menschen anwachsen (World Bank, 1992). Dies bedeutet, daß allein auf Grund des Wachstums der Weltbevölkerung, d.h. bei gleichbleibendem globalem Wohlstandsniveau und Wohlstandsgefälle, der Rohstoffbedarf innerhalb einer Generation gegenüber dem gegenwärtigen Niveau deutlich wachsen wird.

Bedingt durch den kombinierten Effekt von Bevölkerungs- und Wirtschaftswachstum ist daher trotz weiterhin zu erwartender Erfolge im Bereich des Recyclings und des effizienteren Rohstoffeinsatzes in der langfristigen Sicht eine beträchtliche Zunahme im Weltrohstoffbedarf unvermeidlich. Sie wird primär in den Entwicklungsländern und in den ehemaligen Planwirtschaftsländern zu verzeichnen sein. Angesichts des unverändert hohen Rohstoffverbrauches der hochentwickelten Industriestaaten ist dabei mit einem zunehmenden internationalen Wettbewerb um mineralische Rohstoffe zu rechnen.

Das Wachstum im Rohstoffbedarf wird die meisten derzeit genutzten mineralischen Rohstoffe betreffen, die größten Wachstumsraten werden jedoch bei den jungen Rohstoffen auftreten. Auch im Bereich der Industrieminerale ist mit hohen Zuwachsraten zu rechnen, da viele dieser Rohstoffe für die Erzeugung von Werkstoffen Verwendung finden, welche zunehmend metallische Werkstoffe substituieren.

Neben den jungen Rohstoffen, welche als Materialien für Hochtechnologien die größten Wachstumsraten aufweisen werden und deren Verbrauch sich primär auf die hochentwickelten Industriestaaten konzentrieren wird, kommt den im Hinblick auf den Mengenbedarf bei weitem dominierenden Rohstoffen für traditionelle Einsatzbereiche weiterhin unverändert eine Schlüsselrolle in der Rohstoffwirtschaft zu. Sie betrifft das wirtschaftliche Wachstum der weniger entwickelten Volkswirtschaften ebenso wie die Erhaltung des erreichten hohen Wohlstandsniveaus in den Industriestaaten.

Vor diesem Hintergrund sind die traditionellen Rohstoffe strenggenommen als die eigentlichen Zukunftsrohstoffe zu betrachten. Dieser Sachverhalt sollte daher ungeachtet des wachsenden Einsatzes neuer Rohstoffe für Hochtechnologiebereiche bei der Gestaltung von Schwerpunkten der Rohstofforschung weiterhin entsprechende Berücksichtigung finden. Ein breiter angelegter Forschungsschwerpunkt mit dem Ziel der Entwicklung innovativer bergtechnischer Verfahren zur wirtschaftlichen Gewinnung armer Lagerstätten traditioneller und neuer Rohstoffe, erscheint in diesem Zusammenhang durchaus auch für die heimische Rohstofforschung von Interesse zu sein. Die laufenden Forschungsarbeiten des U.S. Bureau of Mines zur chemisch-bakteriellen Laugung verschiedener Metalle im Bohrlochbergbau ebenso wie aus konventionell gewonnenem Haufwerk seien hierzu als Beispiel genannt (Olson, 1992).

In der globalen Sicht ist die Rohstoffverfügbarkeit abhängig von der Anzahl und Größe der durch Prospektion entdeckten und durch Exploration untersuchten Vorkommen mineralischer Rohstoffe sowie von deren Bauwürdigkeit. Eine Voraussetzung für die Rohstoffverfügbarkeit zu einem bestimmten Zeitpunkt bildet darüber hinaus die zeitgerechte Errichtung entsprechender Bergbaukapazitäten auf den als bauwürdig nachgewiesenen Vorkommen oder Vorkommensteilen. Neben der angesprochenen geologischen und technisch-wirtschaftlichen Verfügbarkeit mineralischer Rohstoffe ist dabei grundsätzlich auch noch deren ökologische und politische Verfügbarkeit von Bedeutung (Fettweis, 1981).

Bauwürdigkeit, ausgedrückt in einfachen betriebswirtschaftlichen Begriffen, liegt dann vor, wenn die einer Mengeneinheit des abgebauten Rohstoffes zurechenbaren Erlöse die diesbezüglichen Kosten übersteigen. Sowohl die Erlöse als auch die Kosten, die beim Abbau einer Lagerstätte entstehen, unterliegen dabei einer großen

Zahl von Einflußgrößen, die in komplexen dynamischen Zusammenhängen verknüpft sind. Dazu zählen neben den Bedingungen der Absatz- und Faktormärkte der Stand der Technik sowie eine Reihe von Standortbedingungen, wie Infrastruktur, Topographie, Klima und politische Rahmenbedingungen. Besonderes Gewicht kommt darüber hinaus den geologisch bestimmten Einflußgrößen der Lagerstättenqualität, der Lagerstättenbonität und der Lagerstättenquantität zu (Fettweis, 1990). Da ein großer Teil der Einflußgrößen im Zeitablauf Änderungen erfährt, darunter vor allem diejenigen im Bereich der Absatz- und Faktormärkte sowie des Standes der Technik, ist auch die Bauwürdigkeit entsprechenden Veränderungen unterworfen.

Je nach Qualität der Lagerstättengegebenheiten und der sonstigen Bedingungen bestehen, bedingt durch die Vielzahl der Einflußgrößen, auch bei ein und demselben mineralischen Rohstoff große Unterschiede in den Kosten von Bergwerken. Entsprechend groß ist bei gegebenem Erlösniveau die Bandbreite der sich aus der Differenz von Erlösen und Kosten ergebenden Überschüsse, der sogenannten Bergwerksrenten.

Zur Illustration dieses Sachverhaltes seien die durchschnittlichen ausgabenwirksamen Betriebskosten des Weltkupferbergbaues betrachtet. In diesem Bergbauzweig lag die Bandbreite der Bergbaubetriebskosten der Produzentenländer im Jahre 1988 zwischen 15 und 61 US cents/lb Metall, diejenige der Gesamtbetriebskosten zwischen 34 und 128 US cents/lb Metall. Die Schwankungsbreite der Betriebskosten einzelner Bergwerke war dabei noch wesentlich größer. Es ist offensichtlich, daß bei derartigen Kostenunterschieden Kupferproduzenten wie Chile, Australien und Kanada angesichts ihrer niedrigen Kosten einen wesentlichen komparativen Vorteil gegenüber den anderen Produzentenländern besitzen, der ihnen auch in Perioden fallender Kupferpreise eine angemessene Bergwerksrente sichert (Porter and Peterson, 1992).

Als ein wenig beachteter, wenngleich für zahlreiche Rohstoffe eminent wichtiger Bauwürdigkeitsfaktor, ist schließlich der Wechselkurs zu nennen. Die relative Wertsteigerung der westeuropäischen Hartwährungen gegenüber dem US-$, in welchem viele Rohstoffe international gehandelt werden, hat die Wettbewerbsfähigkeit des Bergbaus in diesen Ländern empfindlich geschwächt. Auch die wirtschaftlichen Probleme des heimischen Blei-Zink-Bergbaus ebenso wie des Wolfram-Bergbaus sind zu einem erheblichen Teil auf diesen Tatbestand zurückzuführen. Demgegenüber tragen manche rohstoffexportierende Entwicklungsländer durch eine Politik der laufenden Abwertung ihrer Währung gegenüber dem US-$ zu einer Erhaltung der internationalen Wettbewerbsfähigkeit ihrer Bergwerke bei.

Aus den dargelegten Zusammenhängen wird erkennbar, daß in einer nationalen Sicht nicht die Frage der Mengenverfügbarkeit eines Rohstoffes allein von Bedeutung sein kann, entscheidend ist vielmehr die Mengenverfügbarkeit in Abhängigkeit von den dazugehörigen Kosten. Vorrangiges Ziel der heimischen Rohstofforschung muß es demgemäß sein, solche bauwürdige Rohstoffvorkommen zu finden, die zu niedrigen Kosten gewonnen werden können, um der heimischen Wirtschaft einen komparativen Vorteil im internationalen Wettbewerb zu ermöglichen.

Zu betonen bleibt, daß angesichts des dynamischen Charakters der Bauwürdigkeit eine einmal vorgenommene Beurteilung nationaler Rohstoffvorkommen auch nur zeitlich begrenzt aussagefähig ist. Neben neuen Einsatzgebieten für mineralische Rohstoffe und neuen geowissenschaftlichen Erkenntnissen bildet daher insbesondere der Tatbestand der Dynamik der Einflußgrößen einen Anlaß, die periodische Neubeurteilung der Rohstoffvorkommen als Bestandteil einer integrierten Rohstofforschung zu betrachten. Das gegenständliche Forschungsvorhaben besitzt auch unter diesem Gesichtspunkt eine besondere Aktualität.

Folgerungen aus bergwirtschaftlicher Sicht

Die Untersuchungen der einzelnen Technologiebereiche bestätigen, daß die traditionell in großem Umfang genutzten mineralischen Rohstoffe auch in den Werkstoffen für Zukunftstechnologien in dominierendem Maße vertreten sind. So kommt bei den metallischen Werkstoffen für Hochtechnologiebereiche nach wie vor den Legierungen auf Basis von NE-Metallen und Stahlveredlern größte Bedeutung zu. In gleicher Weise bauen die Werkstoffe der Hochleistungskeramik ebenso wie diejenigen mit besonderen magnetischen Eigenschaften primär auf Rohstoffen auf, die schon bisher in größerem Umfang genutzt wurden. Lediglich einige wenige Rohstoffe, darunter die Zeolithe, Gallium, Indium und die Seltenen Erden, treten als neuere Rohstoffe im Hochtechnologieeinsatz stärker hervor.

Gemessen an den traditionellen Einsatzgebieten ist der Mengenbedarf an Roh- und Grundstoffen mineralischer Herkunft in den betrachteten Zukunftstechnologien freilich allgemein gering. Obwohl Angaben zum zukünftigen Mengenbedarf weitgehend fehlen, sind die größten Bedarfsmengen bei den Grund- und Werkstoffen aus dem Bereich Steine, Erden und Industrieminerale zu erwarten. Die geringsten Bedarfsmengen werden indessen bei den Spezialmetallen für den elektronischen und optoelektronischen Einsatz zu verzeichnen sein.

Ungeachtet der geringen absoluten Bedarfsmengen ist mit hohen Zuwachsraten beim Mengenverbrauch der Zukunftsrohstoffe zu rechnen. Auf dem Gebiet der elektronischen Funktionswerkstoffe, der Hochleistungskeramik und der Verbundwerkstoffe wird für die nächsten Jahre ein Marktwachstum im Bereich von 10 bis 20% p.a. erwartet. Die Zuwachsraten des Rohstoffverbrauches im Hochtechnologiebereich liegen damit um eine Größenordnung über den Vergleichswerten in den meisten traditionellen Einsatzgebieten. Sämtliche in den Hochtechnologiebereichen zum Einsatz kommenden mineralischen Rohstoffe zeichnen sich weltweit auch längerfristig betrachtet durch ausreichende Verfügbarkeit aus. Angesichts der vergleichsweise geringen absoluten Verbrauchsmengen sind trotz hoher Zuwachsraten demzufolge keine Engpässe in der Rohstoffversorgung zu erwarten.

Dazu kommt, daß auf Grund der hohen Anforderungen an die Homogenität und Reinheit der Rohstoffe in bestimmten Einsatzbereichen, wie etwa in der Hochleistungskeramik im Gegensatz zur klassischen Keramik, natürliche Rohstoffe nur selten in Betracht kommen. Verwendet werden in der Regel synthetische Pulver, welche auf chemischem Wege aus mineralischen Primärrohstoffen hergestellt werden. Auch bei den Zukunftsrohstoffen aus dem Bereich Steine, Erden und Industrieminerale spielt die synthetische Erzeugung von Werkstoffen, wie etwa von Zeolithen, eine zunehmende Rolle. Demgegenüber kommen bei den metallischen Werkstoffen für den Hochtechnologieeinsatz wegen der ebenfalls vielfach geforderten Reinheit fast ausschließlich Primärrohstoffe zum Einsatz. Sekundärrohstoffe werden hingegen vorwiegend für minderwertige Legierungen verwendet.

Die im Hinblick auf die Mengenverfügbarkeit mineralischer Rohstoffe für den Hochtechnologieeinsatz getroffenen Aussagen bedürfen freilich einiger Kommentare aus bergwirtschaftlicher Sicht. Zutreffend ist, daß bei keinem der in den behandelten Zukunftstechnologien verwendeten mineralischen Rohstoffe in absehbarer Zeit mit einer Verknappung zu rechnen ist. Unbestreitbar ist ferner, daß für den Hochtechnologieeinsatz relativ kleine Rohstoffmengen erforderlich sind und der Preis der Rohstoffe in Relation zum Wert der daraus erzeugten Werkstoffe und Produkte gering ist. Entscheidend für den Erfolg einer auf der Verarbeitung mineralischer Rohstoffe aufbauenden, wirtschaftlichen Tätigkeit ist jedoch nicht die Mengenverfügbarkeit *per se*, sondern vielmehr die Frage, zu welchen Kosten qualitativ geeignete Rohstoffe bereitgestellt werden können. Dies gilt ungeachtet der vergleichsweise kleinen im Hochtechnologieeinsatz benötigten Rohstoffmengen.

Es gibt eine Vielzahl von Einflußgrößen, die maßgebend dafür sind, zu welchen Kosten ein Rohstoffvorkommen gewonnen werden kann. Entsprechend groß sind die Unterschiede in den Produktionskosten von Lagerstätten ein und desselben Rohstoffes und somit die bei ihrer Gewinnung erzielbaren Bergwerksrenten. Auf Grund dieses Sachverhaltes bedeutet die Verfügbarkeit von Rohstoffvorräten, welche dank der Gunst der Lagerstättengegebenheiten zu geringen Kosten abgebaut werden können, stets einen entsprechenden Wettbewerbsvorteil.

Auch die Aussage, daß der Rohstoffverfügbarkeit im Hinblick auf die Standortentscheidung im Falle von Zukunftstechnologien lediglich untergeordnete Bedeutung zukommt, ist dementsprechend zu relativieren. Ein durch die Lagerstättengunst gegebener natürlicher Wettbewerbsvorteil in Gestalt eines niedrigen Einstandspreises für einen heimischen Rohstoff bildet ohne Zweifel auch in diesem Bereich einen wesentlichen Impuls, der die Entwicklung nachgelagerter Produktionen begünstigt.

Ein anschauliches Beispiel hierzu bietet Lithium, ein Metall, das zu den Zukunftsrohstoffen zu zählen ist. Die führenden Produzenten von hochwertigen Lithiumverbindungen in der Welt sind seit vielen Jahren die US-amerikanischen Unternehmen FMC Corporation, Lithium Division (früher Lithium Corporation of America) und Cyprus Foote Mineral Co. Die Verfügbarkeit großer Spodumenlagerstätten in North Carolina mit Wertstoffgehalten von 1,4 bis 1,5% Li_2O hat die Entwicklung dieser bedeutenden Produktionskapazitäten bereits vor mehreren Jahrzehnten möglich gemacht. Seit der Entdeckung der reichen Spodumenlagerstätte Greenbushes in West-Australien mit Gehalten von 2,5 bis 4% Li_2O, auf der seit 1986 eine Gewinnung im Tagebau zu sehr günstigen Kosten erfolgt, wird der Lithiumkonzentratmarkt allerdings dominiert von Gwalia Consolidated Ltd., dem Eigentümer dieses Bergbaues. In beiden Fällen entstand eine marktdominierende Position erst als Folge der Verfügbarkeit entsprechender Lagerstätten.

Bis zur Entdeckung der Reicherzlagerstätte Greenbushes war im übrigen auch das österreichische Spodumenvorkommen auf der Koralpe, das im Hinblick auf den Lithiumgehalt mit den amerikanischen Lagerstätten vergleichbar ist, durchaus als bergwirtschaftlich interessant zu beurteilen. Ausschlaggebend für die mangelnde Bauwürdigkeit des Vorkommens war nicht zuletzt jedoch auch die Entwicklung des Wechselkurses öS/US-$, der von 22 öS/US-$ im Jahre 1985 bis Ende 1987 auf 12 öS/US-$ zurückging. Wäre das Vorkommen auf der Koralpe einige Jahrzehnte zuvor entdeckt worden, so wäre fraglos auch in Österreich die Entwicklung einer hochwertigen Lithiumproduktion möglich gewesen. Dies wäre auch heute noch möglich, wenn das österreichische Vorkommen ähnlich günstige Lagerstätteneigenschaften aufweisen würde wie die australische Lagerstätte Greenbushes oder wenn der US-$ dauerhaft auf seinen früheren Wert zurückkehren würde.

Wie die einschlägigen Erfahrungen zeigen, entstehen aus der Verfügbarkeit bauwürdiger Rohstoffvorräte sehr wohl entscheidende Impulse für die Entwicklung innovativer industrieller Entwicklungen. Dieser Zusammenhang gilt unverändert auch für Produktionen, die dem Bereich fortschrittlicher Technologien zuzurechnen sind. Entsprechend ist eine auf die Bereitstellung kostengünstig gewinnbarer Rohstoffvorräte ausgerichtete Rohstofforschung im Bereich der Hochtechnologie ebenso erforderlich wie im Bereich der traditionellen Einsatzgebiete.

Die günstigsten Perspektiven für eine erfolgreiche zukünftige Rohstofforschung in Österreich bietet der Bereich der Steine, Erden und Industrieminerale auf Grund der Vielzahl der als höffig beurteilten Vorkommen. Darüber hinaus bestehen in Österreich auf dem Gebiete der Herstellung feinkörniger, hochwertiger Pulver sowohl bei Schichtsilikaten als auch bei Karbonatgesteinen international wettbewerbsfähige, industrielle Kapazitäten. Es ist daher naheliegend, weitere Forschungsaktivitäten im Sinne der Zielsetzung des gegenständlichen Forschungsvorhabens primär auf diese Rohstoffgruppe zu konzentrieren.

Konkreter Anlaß eines Folgeforschungsprojektes im Bereich der Steine, Erden und Industrieminerale ist der Tatbestand, daß trotz der großen Zahl höffiger Vorkommen mit wenigen Ausnahmen keine Aussagen über deren Bauwürdigkeit gemacht werden können. Dies bedeutet, daß der abschließende und entscheidende Schritt der Rohstofforschung, der Nachweis der Bauwürdigkeit, völlig offen ist. Solange jedoch keine Aussage über die Bauwürdigkeit dieser zahlreichen Vorkommen möglich ist, kann auch kein Nutzen aus den im Zuge der bisher erfolgten Rohstofforschung getätigten hohen Aufwendungen gezogen werden.

Ziel eines neuen Forschungsvorhabens sollte daher eine systematische bergwirtschaftliche Auswertung der in der Lagerstätteninventur erfaßten zahlreichen Objekte sein. Dabei sollten die bekannten Vorkommen und Fundpunkte stufenweise einer bergwirtschaftlichen Beurteilung im Sinne der Empfehlungen der Önorm G 1050 „Klassifikation von Vorkommen fester mineralischer Rohstoffe" zugeführt werden. Einem Forschungsvorhaben dieses Inhaltes kommt nicht zuletzt im Hinblick auf die erst kürzlich eingeleitete Forschungsinitiative des Bundesministers für Wissenschaft und Forschung mit der Bezeichnung „Nachhaltige Entwicklung österreichischer Kulturlandschaften" eine besondere Aktualität zu.

In Anbetracht der großen Zahl der erfaßten Objekte und des Umfanges der für eine abschließende Beurteilung erforderlichen Daten, ist eine schrittweise Projektdurchführung unumgänglich. Vorzuschlagen ist dabei als erster Schritt eine EDV-gestützte Rangreihung der erfaßten Objekte in mehrere Klassen abnehmender Attraktivität nach Schlüsselkriterien wie Datenverfügbarkeit, Objektgröße, Rohstoffqualität und Zugriffsmöglichkeit gemessen an den Prioritäten der Raumplanung und -nutzung. In einem zweiten Schritt ist dann für die zuvorderst gereihten Objektklassen die Datenverdichtung im Wege von Teilprojekten soweit vorzunehmen, daß im dritten Schritt ein bergwirtschaftlicher Befund über deren Bauwürdigkeit ausgestellt werden kann.

Bei dem vorgestellten Folgeforschungsprojekt handelt es sich nicht zuletzt auf Grund der Vielzahl der zu überprüfenden Objekte um ein Großvorhaben mit längerfristiger Laufzeit. Es erscheint daher zweckmäßig, ein eigenes einschlägig ausgerichtetes Forschungsinstitut, jedenfalls aber eine entsprechende Forschungsstelle, zum Zwecke der Durchführung des Projektes einzurichten. Die Einrichtung eines eigenen Forschungsinstitutes ist vor allem im Hinblick auf die in den vergangenen zwei Jahrzehnten durchgeführten, eingehenden und umfangreichen Untersuchungen des Bundesgebietes in besonderer Weise gerechtfertigt. Nur durch eine systematische Überleitung der im Zuge dieser Arbeiten gewonnenen wertvollen geowissenschaftlichen Grundlagen in eine für die wirtschaftliche Verwertbarkeit brauchbare Form entstehen die Voraussetzungen dafür, die vorgenommenen beträchtlichen Investitionen in die einschlägige Grundlagenforschung für die Ziele der heimischen Rohstoffwirtschaft umzusetzen.

In einer weiteren Phase könnten dem Institut auch andere einschlägige Aufgaben übertragen werden, wie die Ausweitung der bergwirtschaftlichen Beurteilung auf die in der Lagerstätteninventur erfaßten Vorkommen von Metallerzen. Der Hinweis, wonach möglicherweise auf Grund mangelnder bergwirtschaftlicher Bewertungsparameter eine zu vorsichtige Beurteilung des wirtschaftlichen Potentials bekannter Vererzungen erfolgte, gibt hierzu Anlaß.

Unabhängig davon erscheint angesichts der heimischen Rohstoffsituation, welche geprägt ist durch die Verfügbarkeit einer großen Zahl marginaler und submarginaler Vorkommen, die Einrichtung eines speziell auf die Nutzung armer Lagerstätten ausgerichteten zweiten Forschungsschwerpunktes sinnvoll. Als ein diesbezüglicher Ansatz ist die Entwicklung innovativer bergtechnischer Verfahren zur wirtschaftlichen Gewinnung geringhaltiger Metallerzlagerstätten zu nennen, wie etwa durch chemische oder bakterielle Laugung im Bohrlochbergbau oder in konventionellen bergmännischen Grubenbauen. Der angesprochenen Entwicklung direkter Gewinnungsverfahren, welche ohne umfangreiche Haufwerksbewegungen und Landschaftseingriffe betrieben werden können, ist ungeachtet wirtschaftlicher Erwägungen auch im Hinblick auf ihre ökologische Relevanz eine besondere Bedeutung zuzumessen.

Als drittes ist schließlich ein auf die Untersuchung der langfristigen Entwicklung der Nachfrage nach mineralischen Primärrohstoffen ausgerichtetes Forschungsvorhaben anzuregen. In diesem Bereich besteht auch international ein erhebliches Forschungsdefizit. Einem derartigen Projekt kommt insbesondere im

Hinblick auf die zu erwartenden dynamischen Veränderungen in der Rohstoffwirtschaft, darunter im Bereich der Wiederverwertung von Alt- und Abfallstoffen, des zunehmend sparsameren Stoffeinsatzes und der Gesetzgebung zur Abfallvermeidung, eine hohe Aktualität zu. Das Vorhaben könnte dabei, aufbauend auf die von der Obersten Bergbehörde seit einigen Jahren betriebene Erfassung und Publikation der Welt-Bergbau-Daten, die auch international Beachtung gefunden hat, entwickelt werden.

Literatur-Auswahl

(1) Radetzki, M., January 1988. Structural Changes in World Metal Industries. Mining Magazine. London. S. 29–33.

(2) Dorian, J. P. et al. November 1990. The USSR, China, India and the world metals industry to 2010. Natural Resources Forum. New York. S. 258–270.

(3) The World Bank. 1992. World Development Report 1992. Development and the Environment. Oxford University Press. New York. 308 S.

(4) Olson, J. J. 1992. Fortgeschrittene Konzepte für den Selektiv-Abbau. XV. Weltbergbau-Kongreß. Madrid. S. 61–71.

(5) Fettweis, G. B. 1981. Bergmännische Gesichtspunkte der Rohstoffversorgung. In: Rohstoffe und Energie in Österreich. Verlag der Österreichischen Akademie der Wissenschaften. Wien. S. 17–65.

(6) Fettweis, G. B. 1990. Der Produktionsfaktor Lagerstätte. In: Siegfried von Wahl (Herausgeber). Bergwirtschaft, Band I: Die elementaren Produktionsfaktoren des Bergbaubetriebs. Verlag Glückauf. S. 1–148.

(7) Porter, K. E., and Peterson, G. R. 1992. The Availability of Primary Copper in Market Economy Countries. US Bureau of Mines. Information Circular IC 9310. 26 S.

4. Zusammenfassung und Schlußfolgerungen

Aus den vorstehenden Ausführungen, insbesondere aus den durchgeführten neun Teiluntersuchungen, geht hervor, daß es in allen untersuchten Bereichen Produkt- und Verfahrensinnovationen gibt, die auch für die österreichische Wirtschaft von großer Bedeutung sind oder werden können.

Weiters geht hervor, daß es in Österreich eine Reihe von Lagerstätten bzw. Vorkommen gibt, die für eine Nutzung durch neue Technologien bzw. für neue Produkte in Frage kommen.

Es hat sich gezeigt, daß auch für neue Grund- bzw. Werkstoffe i.w. die schon bisher genutzten mineralischen Rohstoffe benötigt werden. Nur wenige, wie Zeolithe, Gallium, Indium und Seltene Erden, treten im Hochtechnologieeinsatz stärker hervor.

An die mineralischen Rohstoffe für den Einsatz in der Hochtechnologie werden in der Regel hohe Anforderungen, insbesondere an Reinheit und Homogenität, gestellt. So kommen bei metallischen Werkstoffen für den Hochtechnologieeinsatz fast ausschließlich Primärrohstoffe in Frage. Sekundärrohstoffe verwendet man hingegen wegen ihrer Verunreinigungen hauptsächlich für minderwertige Legierungen. In der Hochleistungskeramik werden natürliche mineralische Rohstoffe überhaupt nur selten direkt eingesetzt; verwendet werden vielmehr synthetische Pulver, die chemisch aus Primärrohstoffen hergestellt werden. Auch bei den neuen Grundstoffen aus dem Bereich der Steine, Erden und Industrieminerale spielt die synthetische Erzeugung eine große Rolle, wie z.B. bei den synthetischen Zeolithen.

Der mengenmäßige Bedarf an mineralischen Rohstoffen für innovative Werk- bzw. Grundstoffe ist relativ gering. Die größten Bedarfsmengen sind bei den Steinen, Erden und Industriemineralen zu erwarten, die geringsten bei den Spezialmetallen für Funktionswerkstoffe in der Elektronik und Optoelektronik.

Die inländische Verfügbarkeit von interessanten Rohstoffvorkommen bietet auch bei relativ geringen Bedarfsmengen den Wettbewerbsvorteil eines günstigen Einstandspreises für die Rohstoffe. Es hat sich international gezeigt, daß derartige Rohstoffvorkommen einen wesentlichen Impuls für die Entwicklung nachgelagerter Produktionen bilden.

Bei der Herstellung innovativer Werk- bzw. Grundstoffe kommt es neben den benötigten Rohstoffen wesentlich auch auf die hiebei angewandten Verfahren an.

Weiters muß betont werden, daß für den wirtschaftlichen Erfolg einer Produktion auch bei den Werk- bzw. Grundstoffen weniger die erzeugte Menge maßgebend ist, sondern vielmehr die Wertschöpfung des jeweiligen Produktes, was hauptsächlich bei innovativen Produkten mit hohem Wissensinhalt der Fall ist. Vorrangiges Ziel einer fortschrittlichen Produktion muß daher sein, möglichst hochwertige innovative Werk- bzw. Grundstoffe auf der Grundlage neuer Technologien mit hohen Wertschöpfungspotentialen zu entwickeln – Hochtechnologieprodukte, die nicht so schnell nachempfunden werden können – und die einschlägige Forschung und Entwicklung in dieser Richtung gezielt voranzutreiben.

4.1. Technologie- und Produktinnovationen

In den einzelnen Teiluntersuchungen dieses Projektes wird eine Vielzahl von Möglichkeiten zielführender technologischer und Produkt-Innovationen aufgezeigt, auf die zwecks Vermeidung von Wiederholungen hier nur hingewiesen werden soll (siehe auch Punkt 4.5. dieses Abschnittes).

Für eine Reihe derartiger innovativer Produkte, vor allem auf dem Sektor der Steine, Erden und Industrieminerale, könnten mineralische Rohstoffe aus inländischen Quellen bereitgestellt werden.

4.2. Potentielle Lagerstätten bzw. Vorkommen mineralischer Rohstoffe in Österreich

4.2.1. Besonders erfolgversprechend erscheinen Lagerstätten bzw. Vorkommen von ***Steinen, Erden und Industriemineralen.*** In diesem Sektor gibt es eine Vielzahl potentieller Nutzungsmöglichkeiten mit z.T. beachtlichen Wertschöpfungspotentialen, insbesondere in Verbindung mit neuen Technologien und Produktinnovationen.

4.2.2. Die Bedeutung von ***Erzlagerstätten*** in Österreich hat in den vergangenen Jahren gegenüber günstigeren Lagerstätten des Auslandes, vor allem aus Kosten- bzw. Konkurrenzgründen, stetig abgenommen. Dennoch bestehen auch in diesem Sektor eine Reihe potentieller Nutzungsmöglichkeiten für moderne, fortgeschrittene Produktionen. Bei einer Änderung der Marktlage oder bei der Entwicklung kostengünstigerer Aufsuchungs-, Gewinnungs-, Aufbereitungs- und Verarbeitungsverfahren, aber auch aus anderen Gründen, wie z.B. Unterbrechung der Handelswege – aus welcher Ursache auch immer – sowie aus bestimmten Anwendungsgründen, könnten diese Rohstoffe, insbesondere für neue Technologien und neue Produkte, wieder interessant werden. Man sollte daher derartige Vorkommen weiter im Auge behalten und tunlichst – dort, wo es sinnvoll erscheint – weiter untersuchen. Dies gilt vor allem auch im Hinblick auf das Bemühen, bessere Lagerstätten oder Lagerstättenteile zu finden.

4.2.3. Nicht zu unterschätzen ist auch die Bedeutung von Lagerstätten bzw. Vorkommen von ***Massenrohstoffen für die Bauwirtschaft,*** auf die in den Teiluntersuchungen nicht eingegangen worden ist, deren Verfügbarkeit aber in Zukunft von großer wirtschaftlicher, aber auch politischer Bedeutung ist. Grundsätzlich gibt es genügend derartiger Vorkommen in Österreich, doch werden die Zugriffmöglichkeiten, vor allem durch zunehmende Zielkonflikte in der Raumordnung, immer mehr erschwert. Bei einem Anhalten dieses Trends könnten sich in der Zukunft Verknappungserscheinungen ableiten, sodaß diese Materialien aus entfernteren Regionen zugeführt werden müßten, woraus sich z.T. erhebliche Verteuerungen in der Bauwirtschaft ergeben würden. Als Beispiele für Massenrohstoffe, für die bei anhaltenden Trends mit Versorgungsschwierigkeiten aus heimischen Lagerstätten gerechnet werden muß, können dolomitische Kalke und polymikte Schotter (Mischkiese) angeführt werden.

4.2.4. Wegen der besonderen Aktualität darf auf die Bedeutung bestimmter mineralischer ***Rohstoffe für den Umweltschutz,*** insbesondere in Verbindung mit neuen Technologien, kurz eingegangen werden.

Eine große Beachtung ist den **Zeolithen** und der **Zeolithforschung** beizumessen.

Von besonderem Interesse sind die synthetischen Zeolithe, die je nach Aufgabe „maßgeschneidert“ hergestellt werden können.

Für den Umweltschutz sind die Zeolithe bedeutsam, weil sie aus Abwässern NH_4, Metallionen und radioaktive Isotope binden können, weil sie als Ionentauscher bei der Wasserklärung Moleküle reversibel adsorbieren können, usw.

Im Grundwasser stellen insbesondere die vielfach zunehmenden Nitratgehalte ein ernstzunehmendes Problem dar. Dieses könnte durch die mögliche Herstellung von Langzeitdüngern auf Zeolithbasis gelöst werden.

Verschiedene **Tonmehle** können allein oder in Gemischen, so z.B. mit Wasserglas oder Zementen, Sand und Wasser (als sogenannte Erdbetone), gute Dichtungsmaterialien abgeben und so zur Sanierung (Abdichtung) von Deponie-Altlasten herangezogen werden.

Eine besondere Bedeutung in der Umwelttechnik kommt den **illitischen Rohstoffen** zu. Sie kommen vor allem als Ausgangsstoffe für Dichtungsmaterialien zur Deponievorbereitung und -sanierung, aber auch für die Reinigung von Sicker-, Beiz- und sonstigen Abwässern in Frage. Weiters könnte einerseits eine Illitbeigabe zu Zeolithen, auf Grund der Absorptions- und mechanischen Eigenschaften des Illits, den Wirkungsgrad derartiger Molekularsiebe verbessern, anderseits könnte man aber auch, bei entsprechender Qualität der Rohstoffe, unter Verwendung anorganischer Oxide als Versteifungsmittel, an die Herstellung eigener Illitsiebe denken.

Das hohe Adsorptionsvermögen des Illits und anderer Tone für Schwermetalle kann auch zur Konditionierung von Klärschlämmen und zur Bindung toxischer Elemente und Verbindungen sowie übel riechender organischer Materialien (z.B. in der Form von Gülleabsorbergranulaten oder Katzenstreu) genutzt werden.

Weiters hat sich erwiesen, daß bei der Entsorgung radioaktiven Materials, die aus Illit und Kaolin hergestellten keramischen Massen Auslaugungsraten (Eluatkonzentrationen) aufweisen, die jenen bester Borosilikatgläser ähnlich sind.

Leicht synthetisierbare Phasen aus verschiedenen **Tonen und Hydroglimmern** besitzen eine große spezifische Oberfläche, weshalb sie auch zur chemischen Adsorption von Bunt- und Schwermetallen (Cu, Pb, Zn, Co, Cd), Phosphat-, Fluorid- und Arsenationen sowie von organischen Anionen verwendet werden.

Auch die **Mixed-layer-Minerale** erscheinen für bedeutende Bereiche des Umweltschutzes erfolgversprechend. Sie können als Stoffbinder für den Gewässer- und Bodenschutz, für die Adsorption von Schad- und Nutzstoffen usw. in Frage kommen.

Die Nutzung derartiger inländischer mineralischer Rohstoffe für den Umweltschutz sollte daher stärker vorangetrieben werden. Vor allem wäre es im Hinblick auf die hohe Aktualität eines effizienten Umweltschutzes angebracht, die Entwicklung einschlägiger neuer Verfahren und Grundstoffe stärker voranzutreiben und zu unterstützen.

4.3. Erhöhung des Kenntnisstandes über Lagerstätten bzw. Vorkommen mineralischer Rohstoffe in Österreich

4.3.1. Die ***Suche*** nach sowie die weitere ***Untersuchung*** von ***Lagerstätten*** bzw. ***Vorkommen*** mineralischer Rohstoffe in Österreich sollte in den erfolgversprechenden Anwendungsbereichen fortgeführt und entsprechend unterstützt werden. Dies gilt vor allem im Hinblick auf die weitere Suche nach Lagerstätten mit günstigen geologischen Bedingungen für ihren Abbau (geo-mining conditions). Wie das Beispiel anderer Industrieländer mit hoch entwickelter Bergbautechnik zeigt (Australien, Kanada, USA, aber auch Portugal), stellt die Grundstoffindustrie des Bergbaus unter diesbezüglichen Voraussetzungen nicht nur eine „High-Tech"-, sondern auch eine Wachstumsbranche dar (siehe Seite 9).

4.3.2. Während der Kenntnisstand über das grundsätzliche Vorhandensein von Lagerstätten bzw. Vorkommen mineralischer Rohstoffe in Österreich, vor allem auf dem erfolgversprechenden Sektor der Steine, Erden und Industrieminerale, relativ gut ist, erscheinen die ***Kenntnisse*** über die dort vorkommenden ***Mengen,*** über ihre ***Qualitäten*** und über die ***Bauwürdigkeit*** nur in Einzelfällen ausreichend. Es wäre daher notwendig, die Arbeiten zur Erlangung dieser Kenntnisse nach einer noch zu bestimmenden Rangreihung stärker voranzutreiben und zu fördern. Auf diese Weise könnten potentiellen Interessenten die erforderlichen, umfassenden Informationen für eine allfällige Aufnahme einer Nutzung rasch und effizient zur Verfügung gestellt werden.

4.3.3. Erstrebenswert wäre auch eine schrittweise durchzuführende ***bergwirtschaftliche Beurteilung*** der Lagerstätten bzw. bekannten Vorkommen mineralischer Rohstoffe in Österreich vorzunehmen, mit dem Ziel, eine Rangreihung derselben, etwa nach abnehmender Attraktivität, und schließlich einen bergwirtschaftlichen Befund über die ***Bauwürdigkeit*** zu erstellen.

4.3.4. Alle ***Informationen über inländische Vorkommen*** mineralischer Rohstoffe sollten zentral zusammengefaßt werden, wobei benützerfreundliche Abrufmöglichkeiten auch aus den Bundesländern geschaffen werden sollten. Gleichzeitig sollten den Interessenten auch einschlägige Fachberatungen zur Frage der Nutzungsmöglichkeiten und der Abbauwürdigkeit angeboten werden. Mit dieser Aufgabe sollte eine entsprechend ausgestattete Institution betraut werden, welcher auch die Aufgabe einer Koordinierung der einschlägigen Arbeiten zu übertragen wäre.

4.4. Sicherstellung der Möglichkeit einer Nutzung inländischer Lagerstätten in der Zukunft

Im Hinblick auf die Standortgebundenheit und Erschöpfbarkeit von Lagerstätten mineralischer Rohstoffe sollten entsprechend untersuchte und dokumentierte erfolgversprechende Vorkommen mineralischer Rohstoffe in der Raumordnung für eine allfällige künftige Gewinnung, etwa als „Rohstoffgebiete", gewidmet werden. Auf diese Weise soll sichergestellt werden, daß die von der Wirtschaft benötigten mineralische Rohstoffe, Massenrohstoffe für die Bauwirtschaft eingeschlossen, auch in der Zukunft ausreichend zur Verfügung stehen.

4.5. Forschung und Entwicklung für Technologie- und Produktinnovationen

4.5.1. Die Forschung und Entwicklung für Technologie- und Produktinnovationen sollte gezielt entsprechend den näheren Ausführungen in den Teiluntersuchungen dieser Arbeit stärker ***vorangetrieben*** und, wo erforderlich, entsprechend ***ausgebaut*** werden. Das bedeutet, daß es angebracht ist, die Forschung und Entwicklung im Bereich der metallischen Werkstoffe, der Hochleistungskeramik, der Grundstoffe aus dem Bereich der Steine, Erden und Industrieminerale, der Werkstoffe für elektronische und optoelektronische Bauelemente sowie der Werkstoffe für besondere magnetische Eigenschaften mit dem Ziel zu forcieren, neue einschlägige Werkstoffe und Technologien zu entwickeln. Dafür bestehen durchaus erfolgversprechende Chancen, nicht zuletzt, weil in diesen Fachbereichen eine Reihe international anerkannter Experten in Österreich tätig sind.

4.5.2. Im Bereich der **Industrieminerale** sollte ein Schwergewicht der Forschung und Entwicklung neben dem bereits erwähnten Zeolithsektor (Seiten 42 und 43) insbesondere auf die Weiterentwicklung der Technologien für den Umweltschutz sowie für die Herstellung hochwertiger Füllstoffe und Pigmente für die verschiedenen Anwendungsbereiche gelegt werden. Hier bestehen gute Aussichten, auch weiterhin erfolgreich zu sein.

4.5.3. Mit den Aufgaben einer Verbesserung des Kenntnisstandes über inländische Lagerstätten bzw. Vorkommen mineralischer Rohstoffe, vor allem durch Hinterfragung und integrative Auswertung vorhandener Daten und Informationen, sowie mit einer bergwirtschaftlichen Auswertung des Datenmaterials mit dem Ziel einer Aussage über die Bauwürdigkeit, sollte im Sinne der Zielsetzungen und Grundsatz-Beschlußfassungen der Gesamtsitzung der Österreichischen Akademie der Wissenschaften aus dem Jahre 1985 ein eigenes ***Forschungsinstitut,*** zumindest aber eine Forschungsstelle, betraut werden. Die 1987 erfolgte Sistierung des Beschlusses, ein derartiges Institut zu gründen, ist bis heute nicht geändert worden. Diesem Forschungsinstitut sollte auch die Aufgabe übertragen werden, die Entwicklung neuer bzw. Verbesserung bestehender Verfahren für eine rationellere Aufsuchung, Erschließung, Gewinnung und Aufbereitung mineralischer Rohstoffe, stärker voranzutreiben.

4.5.4. Um eine höhere Effizienz der Forschungs- und Entwicklungsarbeiten zu erzielen, erscheint es angebracht, nicht nur eine stärkere Kooperation der universitären mit der betrieblichen Forschung herbeizuführen, sondern auch die interdisziplinäre Forschung weiter auszubauen.

4.6. Grundlagen-Forschung

Eine besondere Bedeutung ist der Grundlagen-Forschung als unabdingbare Ausgangsbasis vieler Technologie- und Produktinnovationen sowie geowissenschaftlicher Schlußfolgerungen beizumessen.

4.6.1. Besonders beachtenswert erscheint der Trend, ***spezielle Werkstoffe*** für genau definierte Anwendungsbereiche entsprechend dem Anforderungsprofil gewissermaßen zu ***konstruieren.*** So z.B. auf dem Sektor der Industrieminerale bei den synthetischen Zeolithen, vor allem aber bei den metallischen Werkstoffen im Rahmen des „Atomic-Modelling" (Seite 16). Da es auch in Österreich einschlägige Forschungsmöglichkeiten einerseits in den mineralogisch-kristallographisch arbeitenden Instituten z.B. für die Zeolithforschung und anderseits in den physikalisch und werkstoffkundlich orientierten Instituten gibt, sollten dort einschlägige Grundlagenarbeiten, allenfalls auch Entwicklungsarbeiten, vorangetrieben und stärker unterstützt werden. Insbesondere sollten bei derartigen Projekten interdisziplinäre Kooperationen und entsprechende Kontakte zur interessierten Industrie im In- und Ausland gefördert werden.

4.6.2. Ein besonderes Augenmerk sollte auch der Grundlagenforschung im Bereich der ***Geowissenschaften*** und der ***Geotechnik*** gewidmet werden. In diesem Sinne wird derzeit in einer Arbeitsgruppe der Kommission für Grundlagen der Mineralrohstoff-Forschung der Akademie der Wissenschaften an der Erstellung minerogenetischer Karten für ganz Österreich gearbeitet.

4.7. Verringerung der Kosten für die Aufsuchung, Erschließung, Gewinnung und Aufbereitung mineralischer Rohstoffe

Es hat sich gezeigt, daß es möglich ist, immer mehr kostengünstige Verfahren für die Aufsuchung, Erschließung, Gewinnung und Aufbereitung mineralischer Rohstoffe zu entwickeln.

Möglichkeiten, derartige Verfahren so weiter zu entwickeln, daß sie weitere Kosteneinsparungen ermöglichen, aber auch den steigenden Anforderungen des Umweltschutzes Rechnung tragen, sind grundsätzlich nach wie vor gegeben. Beispiele für die in Österreich erfolgten Weiterentwicklungen der Geotechnik sind, wie bereits (auf Seite 19) ausgeführt, die „Neue Österreichische Tunnelbaumethode" (NÖL), die „Bohrlochsolegewinnung" usw. Die maßgebende Beteiligung des Institutes für Bergbaukunde an der Montanuniversität Leoben an dem derzeit laufenden Forschungsprojekt der Europäischen Union „Blasting Control" (Seite 19), bringt die internationale Wertschätzung österreichischer Forschungseinrichtungen auch auf dem Sektor der Geotechnik zum Ausdruck.

Einschlägige Entwicklungs- und Forschungsarbeiten sollten daher, möglichst im Einvernehmen mit der Industrie, stärker vorangetrieben und entsprechend gefördert werden. Durch die Entwicklung weiterer rationellerer Gewinnungs- und Verarbeitungsverfahren können z.B. auch ärmere Vorkommen oder komplexe Vererzungen wirtschaftlich interessant werden.

5. Hinweise

5.1. Anschriften der Autoren

BAUER, Prof. Dr. Günter, Institut für Halbleiterphysik der Universität Linz, Altenberger Straße 69, A-4040 Linz.

CERNY, Dr. Immo, A-9530 Bad Bleiberg 41.

DANZER, Prof. Dr. Robert, Institut für Struktur- und Funktionskeramik der Montanuniversität Leoben, Magnesitstraße 2, A-8700 Leoben.

GRÖSSINGER, Prof. Dr. Roland, Institut für Experimentalphysik der Technischen Universität Wien, Wiedner Hauptstraße 8–10/131, A-1040 Wien.

HADITSCH, Prof. Dr. Johann Georg, Mariatroster Straße 193, A-8043 Graz.

JEGLITSCH, Prof. Dipl.-Ing. Dr. mont. Dr. h.c. Franz, Institut für Metallkunde und Werkstoffprüfung der Montanuniversität Leoben, Franz-Josef-Straße 18, A-8700 Leoben.

KRENN, Dr. Heinz, Institut für Halbleiterphysik der Universität Linz, Altenberger Straße 69, A-4040 Linz.

NÖTSTALLER, Prof. Dipl.-Ing. Dr. mont. Richard, Donaustraße 102/7, A-2344 Maria Enzersdorf.

PETZOW, Prof. Dr. Dr. h.c. Günter, Institut für Werkstoffwissenschaften des Max-Planck-Institutes für Metallforschung, Heisenbergstraße 5, D-7000 Stuttgart 80.

SCHROLL, Prof. Dr. Erich, Haidbrunngasse 14, A-2700 Wiener Neustadt.

STERK, Dipl.-Ing. Dr. Senator h.c. Georg, Sektionschef i.R., St.-Anna-Weg, A-9082 Maria Wörth 104.

THALMANN, Dr. Friedrich, Dorffeld 6, A-8790 Eisenerz.

5.2. Einsichtnahme in die Volltexte

Die Einsichtnahme in die vollen Texte der neun Teilbeiträge ist gegen Voranmeldung möglich bei der:

- Akademie der Wissenschaften, Kommission für Grundlagen der Mineral-Rohstoff-Forschung, Postgasse 7, A-1010 Wien, Tel. 0222/515-81/452.
- Geologische Bundesanstalt Wien, Rasumofskygasse 23, A-1031 Wien, Tel. 0222/712-56-74.
- Montanuniversität Leoben, Universitätsbibliothek, Franz-Josef-Straße 18, A-8700 Leoben, Tel. 03842/402.